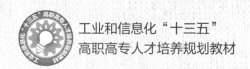

工业和信息化"十三五"
高职高专人才培养规划教材

Linux 操作系统
基础与应用

RHEL 6.9

艾明 黄源 徐受蓉 主编
赵波 张扬 郑剑 赵叶青 副主编

Linux Operating System Basics
and Applications (RHEL 6.9)

人民邮电出版社
北 京

图书在版编目（CIP）数据

Linux操作系统基础与应用 ：RHEL 6.9 / 艾明，黄源，徐受蓉主编. -- 北京 ：人民邮电出版社，2019.11（2023.6重印）
工业和信息化"十三五"高职高专人才培养规划教材
ISBN 978-7-115-51720-3

Ⅰ．①L… Ⅱ．①艾… ②黄… ③徐… Ⅲ．①Linux操作系统－高等职业教育－教材 Ⅳ．①TP316.85

中国版本图书馆CIP数据核字（2019）第155316号

内 容 提 要

本书共 11 章，以 Red Hat Enterprise Linux 6.9（简称 RHEL 6.9）为例，分别介绍了 Linux 操作系统基础、Linux 图形化界面、Linux 常用 Shell 命令、管理用户和用户组、文件系统及磁盘管理、系统与进程管理、软件包管理、Linux 应用软件、网络配置、Linux 远程管理、Linux 安全设置及日志管理。本书将理论与实践操作相结合，通过大量的案例帮助读者快速了解和应用 Linux 操作系统中的相关技术。

本书可作为高职高专计算机及其相关专业的教材，可也供广大计算机爱好者自学使用。

◆ 主　编　艾　明　黄　源　徐受蓉
　　副主编　赵　波　张　扬　郑　剑　赵叶青
　　责任编辑　左仲海
　　责任印制　马振武
◆ 人民邮电出版社出版发行　　北京市丰台区成寿寺路 11 号
　　邮编　100164　电子邮件　315@ptpress.com.cn
　　网址　http://www.ptpress.com.cn
　　三河市君旺印务有限公司印刷
◆ 开本：787×1092　1/16
　　印张：14.25　　　　　　2019 年 11 月第 1 版
　　字数：407 千字　　　　2023 年 6 月河北第 7 次印刷

定价：46.00 元

读者服务热线：(010)81055256　印装质量热线：(010)81055316
反盗版热线：(010)81055315
广告经营许可证：京东市监广登字 20170147 号

前言 FOREWORD

在操作系统领域，免费开源的 Linux 系统已经成为目前较流行和安全的操作系统。Linux 操作系统类似于 UNIX 操作系统，具备 UNIX 操作系统的各种优点，免费且能运行在几乎所有的计算机硬件平台上，很多嵌入式、实时操作系统都基于 Linux 内核。Linux 从诞生至今，仅经过短短的二十几年时间，便得到了迅猛发展并在全世界广泛流行。

本书全面贯彻党的二十大精神，以社会主义核心价值观为引领，加强基础研究、发扬斗争精神，为建成教育强国、科技强国、人才强国、文化强国添砖加瓦。本书内容以"理论-实践操作"相结合的方式，讲解了 Linux 操作系统的基本知识及其实现的基本技术。本书在内容设计上既包括详细的理论与典型的案例，又有大量的实训环节，能激发学生在课堂上的学习积极性与主动创造性，从而使学生学到更多有用的知识和技能。

本书特色如下。

（1）采用"理实一体化"的教学方式，既有教师讲述的内容，又有学生独立思考、上机操作的内容。

（2）丰富的教学案例及教学资源，包括教学课件、习题答案等。

（3）紧跟时代潮流，注重技术变化。

（4）编写本书的教师都具有多年的教学经验，编写突出重难点，能够激发学生的学习热情。

本书建议学时为 60 学时，具体分布如下所示。

章节	建议学时
Linux 操作系统基础	4
Linux 图形化界面	6
Linux 常用 Shell 命令	10
管理用户和用户组	6
文件系统及磁盘管理	6
系统与进程管理	6
软件包管理	6
Linux 应用软件	6
网络配置	4
Linux 远程管理	4
Linux 安全设置及日志管理	2

本书由重庆航天职业技术学院艾明、黄源、徐受蓉任主编，赵波、张扬、郑剑、赵叶青任副主编。其中，艾明编写了第 1 章、第 4 章和第 5 章；黄源编写了第 3 章、第 6 章和第 9 章；徐受蓉编写了第 10 章；赵波编写了第 7 章；张扬编写了第 11 章；郑剑编写了第 8 章；赵叶青编写了第 2 章。重庆航天职业技术学院徐受蓉教授对书稿内容进行了审阅。全书由艾明统筹，由黄源负责统稿加工。

本书是校企合作共同编写的成果，在编写过程中得到了中国电信金融行业信息化应用（重庆）基地总经理助理杨琛的大力支持。

由于编者水平有限，书中疏漏和不足之处在所难免，衷心希望广大读者批评指正，来信可发送到作者电子邮箱：2103069667@qq.com。读者可登录人民邮电出版社教育社区（www.ryjiaoyu.com）下载相关资源。

基金支持：

2018年重庆教委高等教育教学改革研究项目（183225）

2018年工业和信息化职业教育教学指导委员会研究项目（GS-2019-09-01）

编者

2023年5月

目录 CONTENTS

第 1 章

第 2 章

第 3 章

Linux 常用 Shell 命令 ································ 46

第 4 章

管理用户和用户组 ································· 69

第 5 章

文件系统及磁盘管理 ······················ 86

第 6 章

系统与进程管理 ·· 115

第 7 章

软件包管理 ·· 136

第 8 章

Linux 应用软件 ··· 150

第 9 章

网络配置 ··· 169

第 10 章

Linux 远程管理 ················187

第 11 章

Linux 安全设置及日志管理 ·········198

第1章

Linux操作系统基础

01

【本章导读】

本章首先介绍了 Linux 的起源与发展、特点与应用、内核版本与发行版本，然后介绍了如何利用虚拟机软件来安装 Linux 操作系统，如何在虚拟机中启动、登录和关闭 Linux 操作系统，最后介绍了如何对虚拟机中的 Linux 操作系统进行快照和克隆等管理操作。为保证自主可控，确保信息安全，我国加大力度支持国产 Linux 操作系统研发，这是加快实现高水平科技自立自强的重要举措。

【本章要点】

① Linux 的起源与发展
② Linux 的特点与应用
③ Linux 的内核版本与发行版本

④ 安装虚拟机软件 VMware
⑤ 利用虚拟机安装 Linux
⑥ 管理虚拟机中的 Linux

1.1 Linux 操作系统简介

1.1.1 Linux 的起源与发展

Linux 是一种类似于 UNIX 的操作系统。

UNIX 是 1969 年由 Ken Thompson 和 Dennis Ritchie 在美国贝尔实验室开发的一种多用户、多任务操作系统。UNIX 操作系统由于其出色的性能而迅速得到了广泛的应用。但是，UNIX 操作系统价格昂贵而且不开放源代码，只能运行在特定的大型机上，无法运行在普通计算机上。

1990 年，芬兰赫尔辛基大学的在校生 Linus Torvalds 接触了 Minix 操作系统。Minix 操作系统是由 Andrew S. Tanenbaum 发明的一种基于微内核架构的类似于 UNIX 的小型操作系统。Linus Torvalds 深受其影响，为了让更多的用户能够学习和使用 UNIX 操作系统，他着手开发了一个基于宏内核的能在 Intel X86 微机上运行的类似于 UNIX 的操作系统内核，这就是 Linux 操作系统。1991 年，Linus Torvalds 公布了第一个 Linux 的内核版本 0.0.1 版。

Linus Torvalds 一开始就把 Linux 内核源代码发布到互联网上，一大批爱好者及高水平的程序员逐渐加入 Linux 系统的编写中，这使得 Linux 技术得到迅猛发展。1996 年，Linux 的内核 2.0 版本推出时，在其上运行的软件已经非常丰富，这标志着 Linux 操作系统已成为一个成熟的操作系统。

随后，Linux 加入 GNU（自由的操作系统），并遵循公共版权许可，允许商家在 Linux 上开发商业软件，因此其得到了越来越多 IT 国际知名公司的大力支持，IBM、Intel、Oracle、Sybase 等公司纷纷宣布支持 Linux 操作系统。如今非常著名的手机操作系统——Android，也是基于 Linux 内核开发的。

1.1.2　Linux 的特点与应用

Linux 操作系统类似于 UNIX 操作系统，具备 UNIX 操作系统的各种优点，免费且能运行在几乎所有的计算机硬件平台上，很多嵌入式、实时操作系统都基于 Linux 内核。Linux 从诞生至今，短短二十几年时间内，便得到了迅猛发展并在全世界广泛流行，这与它的特点是分不开的。

1. 源代码开放

用户可通过各种途径获取 Linux 操作系统的源代码，并可根据需要修改和发布源代码。正是 Linux 操作系统坚持开放源代码的策略，使得越来越多的优秀程序员能够对 Linux 操作系统进行持续不断的改进，从而使 Linux 操作系统不断发展和成熟。

2. 多用户多任务

Linux 操作系统支持多个用户同时登录和使用系统。Linux 操作系统通过权限保护机制保证各个用户在系统中资源的安全性，各个用户间互不影响。每个登录的用户可同时运行多个应用程序。

3. 丰富的网络服务功能

Linux 操作系统的网络服务功能十分强大，具备防火墙、路由器、Web 服务、FTP 服务、DNS 服务和 DHCP 服务以及邮件服务等常见网络服务功能。互联网中，很多网络服务器是采用 Linux 操作系统提供的网络服务功能来实现的。

4. 对硬件配置要求低

Linux 操作系统可在目前各种大型机、小型机、工作站、便携式计算机、台式机等的 CPU 硬件平台上运行，对硬件的要求并不高，具备良好的可移植性。

5. 高效、稳定和安全

Linux 操作系统提供各种完善的内存管理功能、设备管理功能及权限管理功能，这使得系统能够长期高效、稳定且安全地运行，极少出现感染病毒及死机等情况，更不用定期重启系统。

6. 图形化界面

如今 Linux 操作系统大多支持文本字符界面和图形化界面两种操作。文本字符界面通过在命令行中输入命令来操作，图形化界面通过鼠标、键盘等来操作。文本字符界面占用资源较少，运行速度较快，图形化界面操作直观、方便。

1.1.3　Linux 的内核版本与发行版本

Linux 版本可分为内核（Kernel）版本和发行（Distribution）版本两种。

1. 内核版本

Linux 内核是指在 Linus Torvalds 领导下开发完成的 Linux 内核程序。Linux 内核完成内存调度、进程管理、文件系统管理、设备驱动等操作系统的基本功能，通过 www.kernel.org 主网站和一些镜像网站发布。Linux 操作系统免费指的是 Linux 内核免费。

2. 发行版本

不同的厂商将 Linux 内核与不同的应用程序组合，就形成了不同的 Linux 发行版本。这些发行版本的区别在于发行的厂商不同、包含的软件种类不同、包含的软件数量不同、采用的内核版本不同。目前发行版本达到数百种，但各种不同发行版本的内核都来自 Linus Torvalds 的 Linux 内核。

Linux 操作系统主要的发行版本有 Red Hat、CentOS、Fedora、Debian、Ubuntu、Slackware、SUSE、Gentoo 等。

1.1.4 Red Hat Enterprise Linux 简介

Red Hat Linux 是美国 Red Hat 公司的产品，是一个非常成功且历史悠久的 Linux 发行版本。Red Hat Linux 版本从 1994 年的 0.9 版本一直发展到 2002 年的 9.0 版本，且都是桌面版。自 9.0 版本之后，Red Hat Linux 分为 2 个系列，即由 Red Hat 公司提供收费技术支持和更新的 Red Hat Enterprise Linux（定位于企业服务器版）和由社区开发维护且免费的 Fedora Core（定位于桌面版）。

Red Hat 公司将 Fedora Core 当作 Red Hat Enterprise Linux 的试验品，其功能将在获得成功后融入 Red Hat Enterprise Linux。另外，由于 Red Hat Enterprise Linux 是收费的操作系统，很多用户选择使用 Red Hat Enterprise Linux 的克隆且免费版 CentOS。

Red Hat Enterprise Linux 经过多年的发展，目前最新版本为 Red Hat Enterprise Linux 8.0。Red Hat Enterprise Linux 从版本 7.0 开始只支持 64 位系统，支持 32 位系统的最高版本为版本 6.9。

本书以 Red Hat Enterprise Linux 6.9（简称 RHEL 6.9）为例进行介绍。

1.2 安装 Linux 操作系统

1.2.1 安装虚拟机软件

虚拟机软件可以在物理计算机上模拟一台或多台物理计算机。虚拟机软件模拟出来的计算机简称为虚拟机。虚拟机具有与物理计算机一样的特性，如具有内存、磁盘、CPU、显示器、网卡、鼠标、键盘等硬件资源。这些硬件资源都是使用物理计算机上的硬件资源来模拟的。虚拟机中可以安装 UNIX、Windows、Linux 甚至 MAC 等操作系统。

虚拟机软件的优点：用户不用购买物理计算机就可以搭建 Linux 操作系统学习平台，不用担心虚拟机内系统的崩溃，可同时运行多台虚拟机及多种操作系统，完成单机及网络实验功能。

目前广为流行的虚拟机软件有 VMware、VirtualBox、Virtual PC 等。VMware 虚拟机软件功能十分强大，是目前业界使用最为广泛的虚拟机软件。VirtualBox 是一款开源的虚拟机软件，完全免费使用。Virtual PC 是微软开发的产品，主要用来安装运行 Windows 操作系统。

VMware 软件可从官方网站下载。VMware 软件是收费软件，有 Windows 平台和 Linux 平台两种版本。VMware 软件从 11 版本开始仅支持 64 位系统，支持 32 位系统的最高版本为 10.0.7。截止到本书成稿前，VMware 软件最高版本为 15.1.0。不管是 32 位版本还是 64 位版本的 VMware 软件，都支持安装运行 32 位或 64 位 RHEL 各个系列版本。本书以 VMware Workstation14.1.1 为例进行介绍，在网站上只需下载对应的 Windows 版本即可。

【例 1-1】安装 VMware Workstation14.1.1 版本虚拟机软件。

具体操作步骤如下。

（1）双击下载的 VMware Workstation14.1.1 虚拟机软件，软件在进行一系列初始化设置后，弹出"欢迎使用 VMware Workstation Pro 安装向导"窗口，如图 1-1 所示。

（2）单击"下一步"按钮，弹出"最终用户许可协议"窗口，选中"我接受许可协议中的条款"复选框，如图 1-2 所示。用户必须选中"我接受许可协议中的条款"复选框，才能够继续单击"下一步"按钮以完成后续安装。

（3）单击"下一步"按钮，弹出"自定义安装"窗口，使用默认设置即可，如图 1-3 所示。此处可更改软件安装位置，并设置是否安装"增强型键盘驱动程序"。

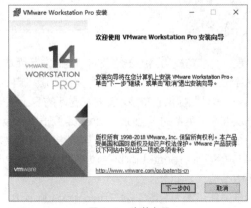

图1-1　安装向导

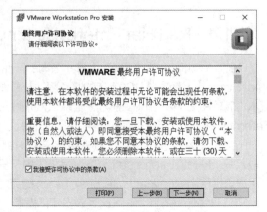

图1-2　最终用户许可协议

（4）单击"下一步"按钮，弹出"用户体验设置"窗口，如图1-4所示。"启动时检查产品更新"复选框被选中后，程序启动时将获得最新的版本资讯。根据实际情况，不勾选"启动时检查产品更新"和"加入VMware客户体验改进计划"复选框，不影响软件运行。

图1-3　自定义安装

图1-4　用户体验设置

（5）单击"下一步"按钮，弹出"快捷方式"窗口，如图1-5所示。默认设置将在桌面和开始菜单中创建程序启动的快捷方式，用户可根据实际情况决定是否需要创建快捷方式。

（6）单击"下一步"按钮，弹出"已准备好安装VMware Workstation Pro"窗口，如图1-6所示。

图1-5　快捷方式

图1-6　已准备好安装VMware Workstation Pro

（7）单击"安装"按钮，弹出"正在安装 VMware Workstation Pro"窗口，如图 1-7 所示。安装结束后，单击"下一步"按钮，弹出"欢迎使用 VMware Workstation 14"对话框，此处默认选择"我希望试用 VMware Workstation 14 30 天"单选按钮，如图 1-8 所示。默认情况下只有 30 天的试用期。

（8）单击"继续"按钮，弹出"VMware Workstation Pro 安装向导已完成"窗口，如图 1-9 所示，此处可以单击"许可证"按钮输入密钥，或单击"完成"按钮完成安装。

图 1-7　正在安装 VMware Workstation Pro

图 1-8　欢迎使用 VMware Workstation 14

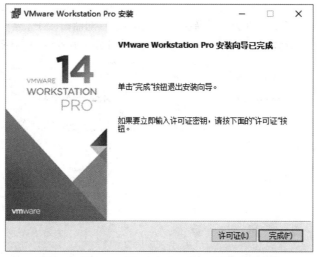
图 1-9　VMware Workstation Pro 安装向导已完成

1.2.2　创建 Linux 虚拟机

VMware 虚拟机软件可创建适应不同操作系统的虚拟机，还可设置虚拟机的硬件配置参数，如磁盘空间大小、内存大小、光驱数量及网卡数量等。这些参数可在创建时设置，也可在创建后对其进行编辑和修改。

【例 1-2】创建一台能安装 Red Hat Enterprise Linux 6.9 的虚拟机，磁盘、CPU、内存等硬件配置参数使用默认设置，虚拟机保存目录为 D:\RHEL6.9。

具体操作步骤如下。

（1）双击桌面上的 VMware 虚拟机软件快捷方式图标，进入虚拟机软件主界面，在主界面单击主菜单"文件"→"新建虚拟机"选项，如图 1-10 所示。弹出"欢迎使用新建虚拟机向导"对话框，让用户选择安装配置类型，默认选择"典型（推荐）"单选按钮，如图 1-11 所示。

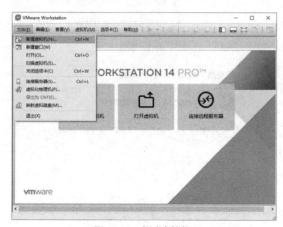

图 1-10　新建虚拟机　　　　　　　　　　　图 1-11　选择安装配置类型

（2）单击"下一步"按钮，弹出"安装客户机操作系统"对话框，在"安装来源"中选择"稍后安装操作系统"单选按钮，如图 1-12 所示。选择"稍后安装操作系统"可保证本步骤仅仅创建虚拟机，降低创建难度。

（3）单击"下一步"按钮，弹出"选择客户机操作系统"对话框，在"客户机操作系统"中选择"Linux"单选按钮，在"版本"下拉列表框中选择 Red Hat Enterprise Linux 6，如图 1-13 所示。

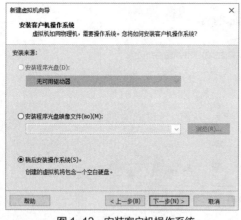

图 1-12　安装客户机操作系统　　　　　　　图 1-13　选择客户机操作系统

VMware 虚拟机软件可针对各种操作系统及操作系统的不同版本进行优化设置，用户在这里一定要选择要安装的操作系统及相应的版本类型。

（4）单击"下一步"按钮，弹出"命名虚拟机"对话框，输入虚拟机的名称及安装位置，此处选择默认的虚拟机名称，然后单击"浏览"按钮选择安装目录 D:\RHEL6.9，如图 1-14 所示。

（5）单击"下一步"按钮，弹出"指定磁盘容量"对话框，确定磁盘容量，此处使用默认的设置，如图 1-15 所示。默认设置的磁盘容量不会立即分配，而是根据实际使用磁盘空间大小按需分配空间，并将虚拟磁盘拆分成多个文件，以便于复制。

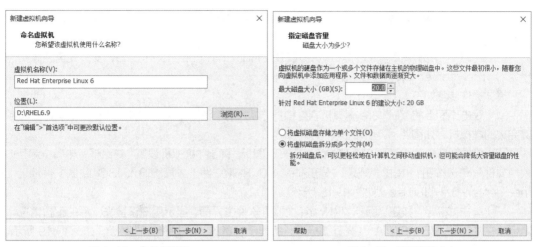

图 1-14　命名虚拟机　　　　　　　　　　　图 1-15　设置磁盘大小

（6）单击"下一步"按钮，弹出"已准备好创建虚拟机"对话框，显示创建的虚拟机配置情况，如图 1-16 所示。此处可单击"自定义硬件"按钮对硬件配置进行修改，也可以在创建完成后，在图 1-17 中单击"编辑虚拟机设置"选项或相应硬件设备选项进行修改。

（7）单击"完成"按钮，回到 VMware 虚拟机软件主界面，显示已经创建好的虚拟机及其相关主要硬件配置情况，如图 1-17 所示。创建好的多个虚拟机在此处以选项卡的形式展现。

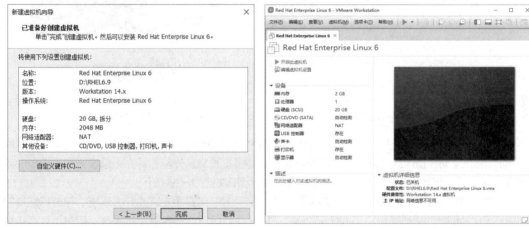

图 1-16　虚拟机设置　　　　　　　　　　　图 1-17　新建的虚拟机

1.2.3　安装 Linux 操作系统

Red Hat Enterprise Linux 支持硬盘安装、光驱安装、网络安装（NFS、FTP、HTTP）、无人值守安装等多种安装方式。硬盘安装是把安装光盘的映像文件复制到 FAT32 分区或 ext 分区中，但在安装过程中要启动映像文件中的系统安装程序较为困难。光驱安装需要操作系统的安装 CD 光盘或 DVD 光盘，其安装过程较为简单，也最为普遍。网络安装需要搭建 NFS 服务器、FTP 服务器或 HTTP 服务器，需要网络的支持。无人值守安装需要设置自动应答文件，也可结合网络安装进行，适合大规模部署，安装过程自动进行，但自动应答文件的设置较为复杂。

Red Hat 公司在网站上提供 Red Hat Enterprise Linux 6.9 安装光盘对应的 ISO 映像文件，用

户可将映像文件下载后刻录到光盘中。VMware 虚拟机支持使用主机上的物理光驱和使用映像文件两种方式进行安装。

【例 1-3】利用例 1-2 新建的虚拟机安装 Red Hat Enterprise Linux 6.9，安装光盘映像文件路径为 D:\ rhel-server-6.9-i386.iso。

具体操作步骤如下。

（1）双击桌面上的 VMware 虚拟机软件快捷方式图标，进入虚拟机软件主界面，默认打开已经创建完成的虚拟机，如图 1-17 所示。

（2）单击窗口中的"CD/DVD（SATA）"光驱图标，弹出"虚拟机设置"对话框，选择"使用 ISO 映像文件"单选按钮，单击"浏览"按钮选择 ISO 映像文件，或直接输入 ISO 映像文件地址 D:\ rhel-server-6.9-i386.iso，如图 1-18 所示。

（3）单击"确定"按钮，回到 VMware 虚拟机软件主界面，显示用户设置光驱后的配置情况。将鼠标放在"CD/DVD（SATA）"光驱图标上，将显示设置的 ISO 映像文件路径，如图 1-19 所示。

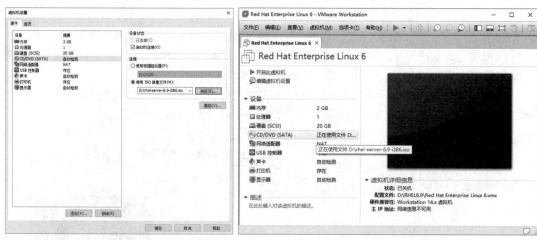

图 1-18　ISO 映像文件设置　　　　　图 1-19　已设置 ISO 文件的虚拟机

（4）确认虚拟机从光驱引导。虚拟机默认引导顺序是"移动设备"→"硬盘"→"光驱"→"网络"。如果没有移动设备，且硬盘没有安装操作系统，则虚拟机将从光驱引导，无须设置引导设备。单击主界面中的"开启此虚拟机"图标，出现安装选择界面，如图 1-20 所示。

（5）界面中共提供 5 种选择，默认选择第 1 项，是用图形化界面安装或升级系统。在进行选择的同时进行 60 秒倒计时，如果用户不做任何选择，那么 60 秒后默认选择第 1 项操作。用户也可直接按 Enter 键执行安装。弹出"媒体介质检测"对话框，让用户确认是否已检测媒体介质，如果用户确认下载的映像文件没有问题，可用方向键选择"Skip"选项，如图 1-21 所示。

（6）按 Enter 键后，弹出欢迎界面，进入图形化用户界面安装阶段，如图 1-22 所示。当虚拟机的内存低于 628MB 的时候，将进入字符模式安装。字符模式安装没有图形化模式安装直观、方便。一般情况下，虚拟机在安装系统时，可设置 1024MB 以上的内存。安装完成后，在实际运行时，256MB 内存也可以流畅地运行图形化用户界面。

（7）单击"Next"按钮，弹出选择安装语言对话框，此处选择"Chinese（Simplified）（中文（简体））"选项，如图 1-23 所示。RHEL 6.9 的国际化做得相当好，安装界面内置了数十种语言支持。在此处选择中文支持后，接下来的安装过程界面就变成中文提示，并且将中文设置为已安装系统的默认语言。

（8）单击"Next"按钮，弹出选择键盘布局对话框，此处选择默认的"美国英语式"选项，如图 1-24 所示。用户也可根据自己的实际情况更改键盘布局选择。

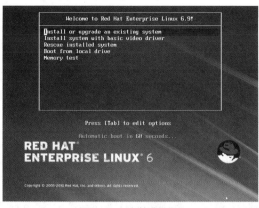

图 1-20　安装选择界面　　　　　　　　　　图 1-21　媒体介质检测

图 1-22　图形化安装开始

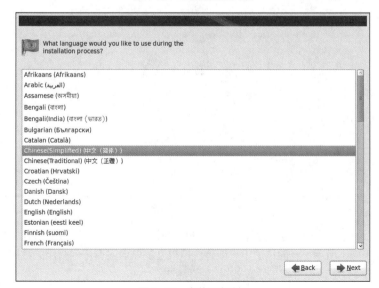

图 1-23　安装语言选择

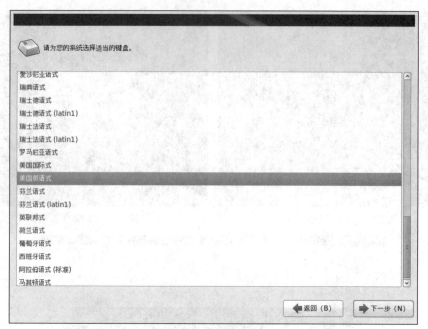

图 1-24　键盘布局选择

（9）单击"下一步"按钮，弹出选择存储设备对话框，此处选择默认的"基本存储设备"选项，
如图 1-25 所示。

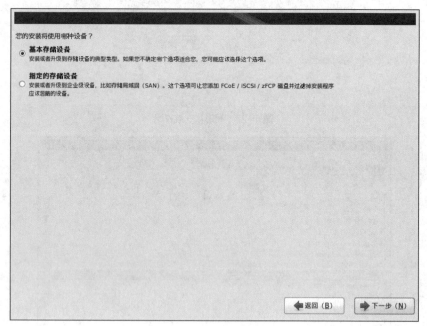

图 1-25　存储设备选择

（10）单击"下一步"按钮，弹出如何处理存储设备中的数据对话框，此处单击"是，忽略所有数
据"按钮，如图 1-26 所示。一般情况下，新建虚拟机上的磁盘没有任何有用的数据。但如果是在物
理磁盘上做此项选择，应慎重考虑是否需要保留所有数据。

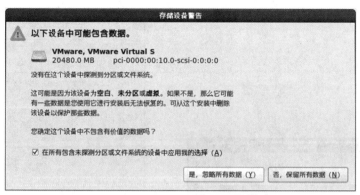

图 1-26　存储设备中数据处理方式选择

（11）单击"是，忽略所有数据"按钮，弹出命名主机名对话框，在文本框中输入 RHEL6.9，如图 1-27 所示。

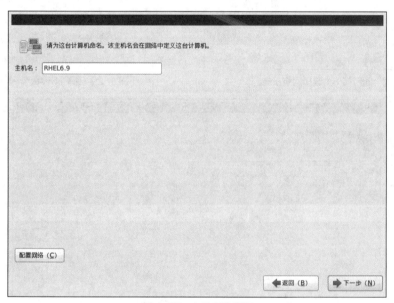

图 1-27　主机名称设置

（12）单击"配置网络"按钮，弹出"网络连接"对话框，选中"System eth0"选项，如图 1-28 所示。

（13）单击"编辑"按钮，弹出"正在编辑 System eth0"对话框，选中"自动连接"复选框，如图 1-29 所示。

（14）单击"应用"按钮，回到图 1-27 界面，单击"下一步"按钮，弹出"请选择离本地时区最近的城市"设置窗口。此处选择默认的城市"亚洲/上海"，取消对复选框"系统时钟使用 UTC 时间"的选择。系统启动后，将使用主机日期时间作为系统日期时间。

（15）单击"下一步"按钮，弹出输入根账号密码的对话框。输入两遍 root 账号的密码，如图 1-30 所示，单击"下一步"按钮。如果密码过于简单，将弹出"脆弱密码"对话框进行提示，此时可单击"无论如何都使用"按钮。由于在 Linux 系统中，root 账号具有至高无上的权限，可以在系统中进行任何操作，因此为了保障系统的安全，用户应该输入一个十分强壮的密码，如大小写字母、数字及字符的组合，密码长度一般不得低于 6 位。

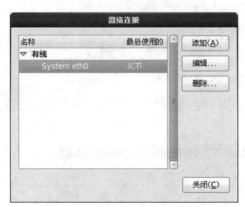

图 1-28　选择网络设备

图 1-29　编辑 System eth0

图 1-30　设置根账号密码

（16）单击"下一步"按钮，弹出选择安装类型对话框，此处可选择"替换现有 Linux 系统"单选按钮，或选择"使用所有空间"单选按钮，如图 1-31 所示。这个步骤对于初学者来说，选择"使用所有空间"最容易理解、操作，也最容易成功。在此对话框中还可选择"查看并修改分区布局"复选框，但这种操作太复杂，适合具有一定 Linux 基础的用户在高级安装时使用。此处不做任何设置以降低安装难度，系统将会按照默认设置进行分区及格式化操作。

（17）单击"下一步"按钮，弹出"将存储配置写入磁盘"对话框，如图 1-32 所示。系统分区时要写入一些 GRUB 引导信息到磁盘中，用户只有单击"将修改写入磁盘"按钮才能进行下一步操作。

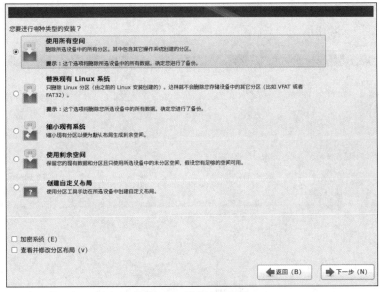

图 1-31　选择安装类型

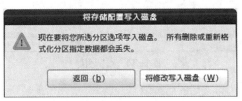

图 1-32　修改磁盘确认

（18）单击"将修改写入磁盘"按钮，弹出选择安装组件对话框，此处选择"桌面"单选按钮，如图 1-33 所示。系统安装完成并启动后，将会有一个图形化 GNOME 界面，可极大地方便用户的学习。本界面中涉及的其他软件组件可在完成本安装后自定义安装。

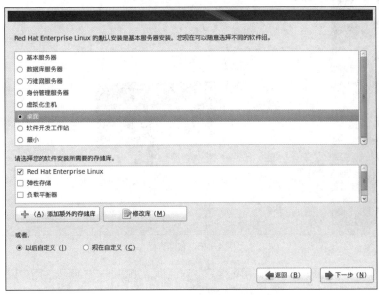

图 1-33　安装组件选择

（19）单击"下一步"按钮，弹出安装进程对话框，安装结束后，弹出重新引导窗口，单击"重新引导"按钮，如图 1-34 所示。

图 1-34　重新引导

【例 1-4】基本安装重新引导之后的后续设置。

具体操作步骤如下。

（1）系统重新引导后，进入图 1-35 的欢迎界面，但需要进行一些设置后才能使用。这些设置包括设置许可证信息、设置软件更新、创建用户、设置日期和时间及设置 Kdump。

图 1-35　欢迎界面

（2）单击"前进"按钮，弹出"许可证信息"对话框，如图 1-36 所示。用户只有选择"是，我同意该许可证协议"单选按钮后才能进行后续配置。

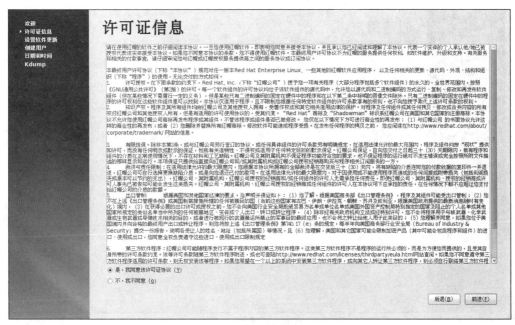

图 1-36　许可证信息

（3）单击"前进"按钮，弹出"设置软件更新"对话框，选择"不，以后再注册"单选按钮，如图 1-37 所示。弹出"您确定吗？"对话框，单击"以后再注册"按钮。Red Hat 公司目前只针对收费注册用户提供更新服务。

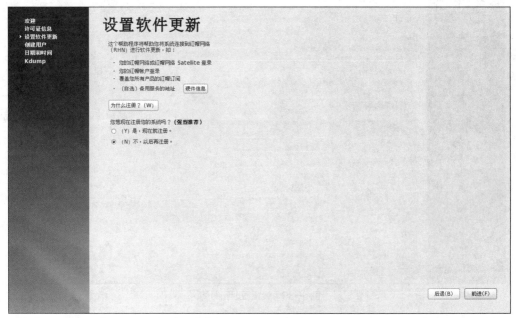

图 1-37　设置软件更新

（4）单击"前进"按钮，弹出"创建用户"对话框，如图 1-38 所示。继续单击"前进"按钮，弹出"您没有设置可登录到该系统的用户账户"对话框，单击"是"按钮。这里没有创建普通用户，系统登录时可使用根账号 root 来登录。

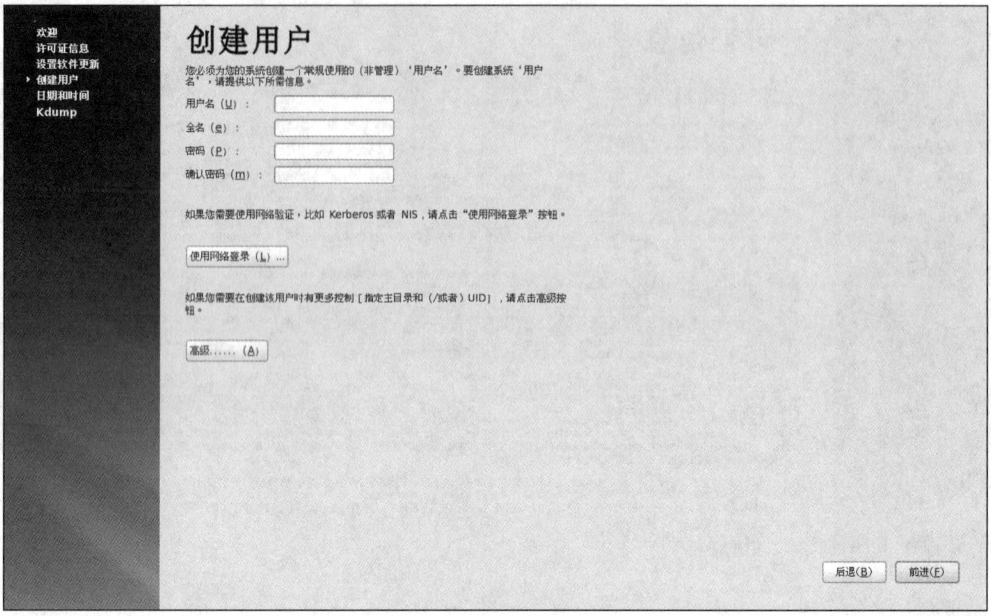

图 1-38　创建用户

（5）单击"前进"按钮，弹出"日期和时间"对话框，如图 1-39 所示。在虚拟机系统中安装的 Linux 操作系统默认使用主机系统的日期和时间，用户也可手动设置 Linux 操作系统的日期和时间。

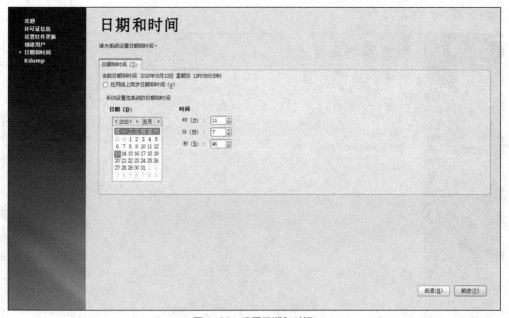

图 1-39　设置日期和时间

（6）单击"前进"按钮，弹出 Kdump 对话框，去掉对复选框"启用 kdump"的勾选，如图 1-40 所示，然后单击"完成"按钮。Kdump 是一种内存崩溃转存储机制，在系统发生故障时可提供分析数据，但会占用一定内存空间，可将其关闭。

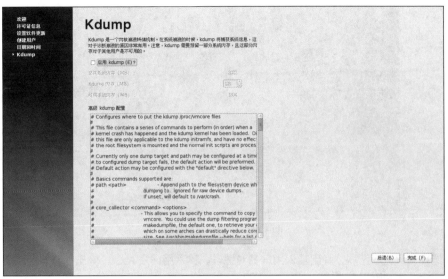

图 1-40　设置 Kdump

1.3　启动、登录及关闭 Linux 操作系统

1.3.1　启动和登录 Linux 操作系统

Linux 操作系统是一个多用户、多任务操作系统，任何用户必须进行登录操作后才能使用该系统。系统登录方式分为图形模式登录、文本模式登录和远程登录等。

【例 1-5】启动和登录当前虚拟机中的 Red Hat Enterprise Linux 6.9 系统。

具体操作步骤如下。

（1）双击桌面上的 VMware 虚拟机软件快捷方式图标，进入虚拟机软件主界面，默认将打开已经创建完成的虚拟机，如图 1-41 所示，单击"开启此虚拟机"图标。

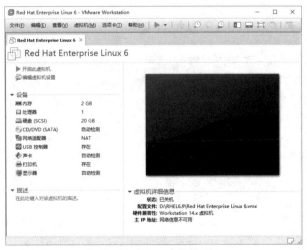

图 1-41　Linux 虚拟机系统

（2）弹出登录界面，如图 1-42 所示。如果创建有其他用户，也会显示在该界面中。

图 1-42　Linux 登录界面

（3）选择"其他"选项，弹出输入用户名对话框，输入用户名 root，单击"登录"按钮，弹出输入密码对话框，输入用户名对应的密码，如图 1-43 所示。

图 1-43　输入用户密码

（4）单击"登录"按钮，显示 Linux 系统图形化界面，如图 1-44 所示。

图 1-44　Linux 系统图形化界面

1.3.2 关闭 Linux 操作系统

【例 1-6】关闭当前虚拟机中的 Red Hat Enterprise Linux 6.9 系统。

具体操作步骤如下。

（1）RHEL 6.9 系统在图形化界面下可以使用关机命令或选择"关机"菜单项来关闭。在 Linux 图形化界面中，单击主菜单"系统"→"关机"命令，如图 1-45 所示。

图 1-45　Linux 系统图形化界面

（2）弹出关闭系统选项对话框，单击"关闭系统"按钮，如图 1-46 所示。在这个对话框中，用户还可选择"休眠""重启"或"取消"操作。关闭系统后，将回到如图 1-41 所示的界面。

图 1-46　关闭系统选项

1.4 管理虚拟机 Linux 操作系统

1.4.1 创建 Linux 操作系统快照

使用 VMware 虚拟机安装 Linux 操作系统的一大优点是不用购买物理计算机即可完成 Linux 环境的搭建。用户在 Linux 中做了错误的操作或主机系统遇到意外断电等非正常状况关机，虚拟机中的 Linux 系统都可能崩溃，致使 Linux 系统不能正常使用。

VMware 虚拟机提供了一种建立虚拟机"快照"的功能，可以快速保存当前状态、恢复到以往任何时候的状态。虚拟机这个功能类似于 Windows 系统中的 ghost 软件功能，但比 ghost 功能更强大和易于使用。虚拟机在任何状态下都可进行快照操作。虚拟机在运行状态下进行快照操作，需要耗费更多的存储空间、创建快照时间及恢复快照时间。用户可根据实际情况建立多个快照，快照的数量仅受主机磁盘容量的限制。

一般来说，虚拟机系统在以下情况下需要进行快照处理。

（1）刚安装后的系统需要进行快照处理，以便随时恢复到初始状态。

（2）进行一些系统设置前需要进行快照处理，以便设置失误后恢复到初始状态。

（3）软件安装前需要进行快照处理，以便软件运行异常后恢复到初始状态。

（4）进行一些重大实验之前需要进行快照处理，以便实验结束后恢复到初始状态。

【例 1-7】为当前虚拟机中的 Red Hat Enterprise Linux 6.9 建立名为"基本安装"的快照。

具体操作步骤如下。

（1）双击桌面上的 VMware 虚拟机软件快捷方式图标，进入虚拟机软件主界面，在虚拟机系统关闭状态下，单击主菜单"虚拟机"→"快照"→"拍摄快照"命令，如图 1-47 所示。

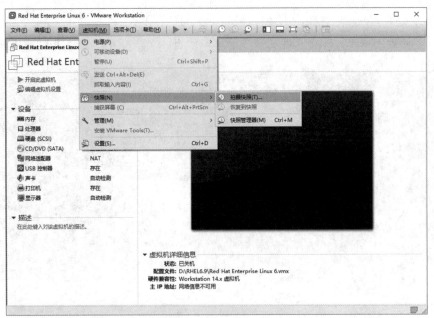

图 1-47 创建快照

（2）弹出"Red Hat Enterprise Linux 6-拍摄快照"对话框，在"名称"文本框中输入快照名称"基本安装"，在"描述"文本框中输入描述文字"仅仅只有基本的安装"，如图 1-48 所示，然后单击

"拍摄快照"按钮，创建所需快照。

图 1-48　快照名称及描述设置

1.4.2　恢复 Linux 操作系统快照

虚拟机进行快照的目的是当虚拟机系统出现异常之后，能够快速恢复系统到原来的某个状态，可以节约大量重新安装系统、设置系统、安装软件等操作的时间。VMware 虚拟机软件不但提供了快照功能，而且提供了快照恢复功能。

【例 1-8】恢复例 1-7 中创建的名为"基本安装"的快照。

具体操作步骤如下。

（1）双击桌面上的 VMware 虚拟机软件快捷方式图标，进入虚拟机软件主界面，单击主菜单"虚拟机"→"快照"→"恢复到快照：基本安装"命令，如图 1-49 所示。

图 1-49　恢复快照

（2）在弹出的对话框中单击"是"按钮，如图 1-50 所示，系统恢复到所选快照。

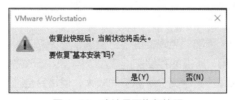

图 1-50　确认是否恢复快照

21

1.4.3　克隆 Linux 操作系统

在实际使用中，由于各种原因，可能需要使用多个相同的 Linux 操作系统。在一台主机中的多个 Linux 系统，可以使用如下 3 种方法创建。

（1）VMware 软件可以创建并安装多个虚拟机系统。

（2）VMware 虚拟机的所有文件都在安装时选择的一个目录下，将这个目录进行多次复制、粘贴操作即可完成多个虚拟机的创建。

（3）VMware 软件提供了"克隆"虚拟机的功能，可以根据虚拟机快照或当前状态快速创建多个虚拟机。

【例 1-9】对当前虚拟机 Linux 操作系统进行克隆，产生一个新的虚拟机 Linux 操作系统，保存位置为 D:\RHEL6.9(Clone)。

具体操作步骤如下。

（1）双击桌面上的 VMware 虚拟机软件快捷方式图标，进入虚拟机软件主界面，选择一个虚拟机 Linux 操作系统，单击主菜单"虚拟机"→"管理"→"克隆"命令，如图 1-51 所示。弹出"欢迎使用克隆虚拟机向导"对话框，如图 1-52 所示。

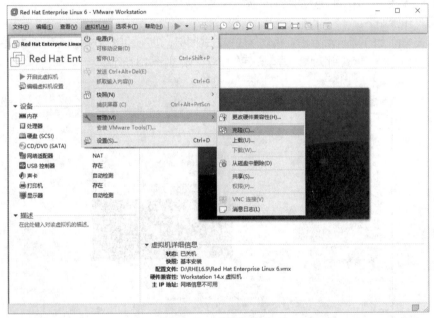

图 1-51　克隆虚拟机

（2）单击"下一步"按钮，弹出"克隆源"对话框，选择克隆来源，如图 1-53 所示。用户有两种选择，其一是"虚拟机中的当前状态"，其二是"现有快照"。选择"现有快照"要求虚拟机是关机状态，选择"虚拟机中的当前状态"则无此要求，但系统默认创建一个当前状态的快照后再克隆。此处选择"虚拟机中的当前状态"即可。

（3）单击"下一步"按钮，弹出"克隆类型"对话框，选择克隆类型，如图 1-54 所示。"创建链接克隆"是对原始虚拟机的引用，所需的存储空间较小，但在运行时需要原始虚拟机的支持。"创建完整克隆"类似于复制虚拟机的完整文件夹，所需空间较大，但是完全独立。此处选择默认的"创建链接克隆"单选按钮。

图 1-52　克隆虚拟机向导

图 1-53　克隆来源

（4）单击"下一步"按钮，弹出"新虚拟机名称"对话框，输入虚拟机名称和保存位置，名称可不修改，位置修改为 D:\RHEL6.9(Clone)，如图 1-55 所示。

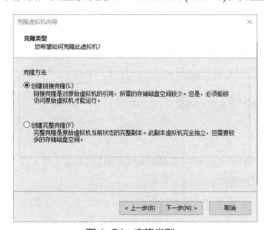

图 1-54　克隆类型

图 1-55　新虚拟机名称

（5）单击"完成"按钮，弹出"正在克隆虚拟机"对话框，克隆完成后，单击"关闭"按钮，最后弹出如图 1-56 所示的窗口，表示完成新虚拟机克隆，并高亮显示克隆的虚拟机选项卡。

图 1-56　克隆的虚拟机

【例 1-10】运行克隆的 Linux 虚拟机系统。

具体操作步骤是：在虚拟机软件主界面单击打开如图 1-56 所示的克隆虚拟机"Red Hat Enterprise Linux 6 的克隆"选项卡，单击主菜单"虚拟机"→"运行"命令即可。

1.5 小结

（1）Linux 操作系统是一种开源的类似于 UNIX 的操作系统。

（2）Linux 操作系统可分为内核版本和发行版本两种。

（3）可利用 VMware 虚拟机软件来安装 Linux 操作系统。

（4）VMware 虚拟机软件提供了快照和克隆虚拟机系统等管理功能。

1.6 实训 Linux 操作系统基础综合实训

1. 实训目的

（1）掌握 VMware 软件的下载和安装方法。

（2）掌握创建 VMware 虚拟机的方法。

（3）掌握 RHEL 6.9 的安装方法。

（4）掌握常见的虚拟机系统管理功能。

2. 实训内容

（1）在 http://www.vmware.com 网站下载最新的 VMware 虚拟机软件。

（2）安装 VMware 虚拟机软件。

（3）创建 RHEL 6.9 虚拟机。

（4）安装 RHEL 6.9 系统，并利用虚拟机"捕获屏幕"功能将安装过程截图并保存。

（5）对虚拟机的 RHEL 6.9 系统做快照和恢复快照操作。

1.7 习题

1. 选择题

（1）Linux 的诞生时间是（   ）年。

    A. 1990　　　　　　B. 1991　　　　　　C. 1992　　　　　　D. 1993

（2）Linux 的安装方式有（   ）。

    A. 光盘安装　　　　　　　　　　　　B. 硬盘安装

    C. NFS 安装　　　　　　　　　　　　D. FTP 安装和 HTTP 安装

（3）RHEL 6.9 在安装过程中设置的密码，对应的用户名为（   ）。

    A. administrator　　B. root　　　　　　C. admin　　　　　　D. everyone

（4）以下操作系统中，属于 Linux 的发行版有（   ）。

    A. SUSE　　　　　　B. Ubuntu　　　　　C. Red Hat　　　　　D. Debian

（5）Linux 和 UNIX 的关系是（   ）。

    A. Linux 就是 UNIX　　　　　　　　　B. Linux 是一种类似 UNIX 的操作系统

    C. Linux 是 UNIX 的一个发行版本　　D. UNIX 是一种类似 Linux 的操作系统

（6）以下操作系统中，诞生最早的是（   ）。

    A. DOS　　　　　　B. Windows　　　　C. UNIX　　　　　　D. Linux

（7）下列哪项不是 Linux 的优点？（　　　）

  A．多用户　　　　B．多任务　　　　　C．开源　　　　　　D．收费

（8）Linux 最早是由（　　　）开发的。

  A．Bill Gates　　　B．Linux Torvalds　C．Ken Thompson　D．Dennis Ritchie

（9）以下的 Linux 版本中，（　　　）属于稳定版。

  A．2.6.39　　　　B．3.0.1　　　　　C．3.0.5　　　　　D．2.6.36

（10）VMware 虚拟机软件可安装的操作系统有（　　　）。

  A．Windows　　　B．UNIX　　　　　C．Linux　　　　　D．DOS

2. 填空题

（1）Linux 的版本分为_____版本和_____版本。

（2）列举 3 种主要的 Linux 发行版本：_____、_____和_____。

（3）常见的虚拟机软件有_____、_____和_____。

3. 判断题

（1）Linux 操作系统只能使用字符界面，不能使用图形化界面。（　　　）

（2）Linux 操作系统在安装过程中可进行网络配置。（　　　）

（3）Linux 是一套免费且开放源代码的类似 UNIX 的操作系统。（　　　）

（4）Linux 是一个真正的多任务和分时操作系统。（　　　）

（5）VMware 软件可创建、安装和运行 Windows 和 Linux 两种虚拟机系统。（　　　）

4. 简答题

（1）简述 Linux 的历史及其发展过程。

（2）简述 RHEL 6.9 的图形化安装步骤。

（3）简述使用虚拟机软件来安装操作系统的优点。

第2章

Linux图形化界面

02

【本章导读】

本章先对 Linux 图形化用户界面基础 X Window 进行了简单介绍，然后对 Linux 中主要的图形化界面 GNOME 桌面环境进行了讲解，对桌面中的面板及面板中的系统菜单、快捷启动器等进行了分析和说明，接下来对 Linux 中使用的文件管理器 Nautilus 进行了介绍并给出了使用示例。最后，本章对 GNOME 桌面环境基本设置进行了讲解，并用实例进行了分析和说明。

【本章要点】

1 Linux 图形化界面简介
2 Linux 桌面环境的组成

3 Nautilus 文件管理器的使用
4 GNOME 桌面环境的基本设置

2.1 Linux 图形化界面简介

2.1.1 X Window 简介

Linux 操作系统使用 X Window 系统提供图形化界面，能够在显示器屏幕上建立和管理窗口。

X Window 系统不是操作系统，而是一个可运行在 Linux 系统中的应用程序。这个应用程序采用"客户机/服务器"的运行模式，主要包括 3 个部分：X 服务器（X Server）、X 客户机（X Client）与 X 协议（X Protocol）。X Server 主要控制输入设备（键盘、鼠标）和输出设备（显示器），在 X 客户机的请求下创建显示窗口并完成图形绘制。X 客户机决定显示的内容（如字符串或一个图形），然后请求 X 服务器来完成显示。X 服务器和 X 客户机通过 X 协议进行通信。X 服务器和 X 客户机在同一台计算机上执行，两者可以使用计算机内部任何可用的通信机制来通信；X 服务器和 X 客户机不在同一台计算机上运行，两者通过 TCP/IP 协议进行通信。

2.1.2 常见的 Linux 桌面环境

Linux 中最流行的图形化桌面环境主要有 GNOME 和 KDE 两种。

GNOME（GNU Network Object Model Environment）基于 GTK+图形库，采用 C 语言开发。GNOME 桌面环境相当友好、简洁，运行速度快，功能强大，集成了许多设置和管理系统的实用程序。用户可以非常容易地配置和使用 GNOME 桌面环境。

KDE（K Desktop Environment）基于 Qt 图形库，采用 C++语言开发。KDE 桌面环境非常华丽，集成了较多的应用程序，运行速度相对于 GNOME 较慢，使用习惯近似于 Windows 操作系统。

在 RHEL 6 中，默认安装的是 GNOME 桌面环境。

2.2 GNOME 桌面环境

2.2.1 桌面

GNOME 桌面是指整个显示器的屏幕窗口，类似于 Windows 系统的桌面，相当简洁。GNOME 桌面的顶部和底部分别有一个长条形矩形框，被称为系统面板，桌面默认包括 3 个图标："计算机"图标，"root 的主文件夹"图标和"回收站"图标。如图 2-1 所示。

屏幕最上方的长条形矩形框被称为系统顶部面板，屏幕最下方的长条形矩形框被称为系统底部面板。系统面板相当于一个容器，可以放置系统菜单或各种应用程序的快捷启动器等部件。

"计算机"图标是 Linux 中文件管理器 Nautilus 应用程序的快捷启动图标。双击"计算机"图标可实现对计算机上的文件及目录的管理操作。

"回收站"图标的作用是帮助用户找到已删除的文件及文件夹。用户也可以在该图标上单击右键，然后在菜单中选择"清空回收站"菜单项，从而将其中文件及文件夹彻底删除。

"root 的主文件夹"图标指向登录用户的主文件夹。"root 的主文件夹"图标上的文字会随着不同的登录用户自动更改。图 2-1 为 root 用户登录系统后显示的 root 用户的主目录，即 root 用户的主文件夹，其实际路径为/root。如果系统挂载有 U 盘、光驱等设备，其相应图标默认被显示在桌面上。

图 2-1　GNOME 桌面

2.2.2 系统面板

GNOME 系统面板是 GNOME 桌面环境的一个重要区域，桌面默认显示顶部面板和底部面板两个面板。顶部面板默认包含系统菜单、快捷启动器及部分部件的当前状态信息（键盘、音量、输入法、日期/时间、网络连接和登录用户等），如图 2-2 所示。底部面板默认包含任务栏、虚拟桌面切换器和回收站部件，如图 2-3 所示。两个面板可以根据需要放置在屏幕的不同位置。

图 2-2 顶部面板

图 2-3 底部面板

用户通过系统菜单，可以方便、快速地启动运行系统中的实用程序及自己安装的应用程序。虚拟桌面切换器可以对用户打开的多个应用程序进行组织和分类管理，避免桌面运行的应用程序杂乱无章。虚拟桌面切换器默认有两个虚拟桌面，用户可把运行的不同应用程序的图标放在不同的虚拟桌面中，也可用鼠标单击虚拟桌面进行切换。任务栏上显示正在运行的程序图标，用户可通过任务栏显示的图标在各个运行的应用程序间进行切换。通知区域主要跟系统的工作状态有关，如当前的输入法、声音、网络连接及日期/时间信息等。用户通过通知区域可以即时了解当前系统的一些工作状态信息。

2.2.3 系统菜单

系统菜单默认位于顶部面板中，包括"应用程序""位置"和"系统"3 个主菜单。

"应用程序"主菜单包括了系统默认安装的一些实用程序启动入口。用户自己安装的应用程序，其启动入口一般也放置在这个位置，如图 2-4 所示。

"位置"主菜单包括了一些计算机内部常用位置的访问路径菜单项，如用户的主文件夹、桌面文件夹、文档、音乐、图片和计算机等，如图 2-5 所示。

图 2-4 "应用程序"主菜单

图 2-5 "位置"主菜单

"系统"主菜单包括了 Linux 系统的大部分基本设置菜单项。此外还提供了"帮助""注销 root"

和"关机"等功能入口，如图 2-6 所示。

图 2-6 "系统"主菜单

2.3 Nautilus 文件管理器

2.3.1 文件管理器概述

Nautilus 是 RHEL 6 中默认的文件管理器，提供给用户以图形化界面方式直观管理文件和目录资源。Nautilus 文件管理器功能强大，可以执行浏览、剪切、复制、移动、删除、重命名和查找等功能操作，甚至还可以访问 FTP、Samba 和 NFS 等网络资源。

用户可以通过多种方式打开 Nautilus 文件管理器。

具体操作步骤如下。

• 通过系统菜单"应用程序"→"系统工具"→"文件浏览器"命令打开 Nautilus 文件管理器，如图 2-7 所示。

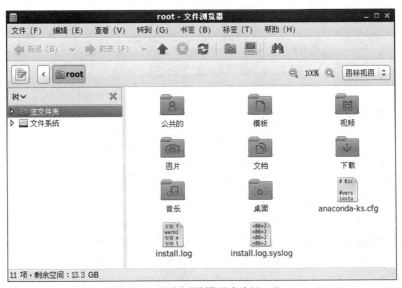

图 2-7 通过文件浏览器启动 Nautilus

• 右键单击桌面上的"计算机"图标，在弹出的菜单中选择"浏览文件夹"命令，打开 Nautilus

文件管理器，如图 2-8 所示。

图 2-8　右键单击"计算机"图标启动 Nautilus

- 双击桌面上的"计算机"图标，打开 Nautilus 文件管理器，如图 2-9 所示。

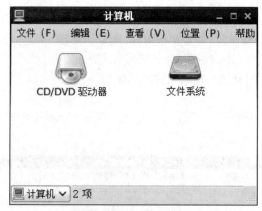

图 2-9　双击"计算机"图标启动 Nautilus

2.3.2　文件管理器的基本使用

　　Nautilus 文件管理器有两种显示模式，一种是浏览模式，另一种是 Spatial 模式。用户通过应用程序菜单"文件浏览器"启动或通过右键单击桌面上的"计算机"图标选择"浏览文件夹"启动，则打开的界面是浏览模式，如图 2-7 和图 2-8 所示。用户直接双击桌面上的"计算机"图标启动，则打开的界面是 Spatial 模式，如图 2-9 所示。

　　在浏览模式下，窗口分为左、右两部分，左边显示位置导航窗口，右边显示所选择位置的详细内容。选择左边导航窗口不同位置，则右边窗口显示相应位置的具体内容。双击右边窗口中的文件夹，文件夹下的内容将显示在右边窗口中。

　　在 Spatial 模式下，窗口没有浏览模式中左侧的位置导航窗口。用户每次双击文件夹时，都会打开一个新的窗口来显示所选择文件夹下的内容。

　　Nautilus 文件管理器对文件及文件夹的操作类似于 Windows 资源管理器对文件及文件夹的操作。

【例 2-1】在用户主目录中创建空文件 test。

先通过菜单"应用程序"→"系统工具"→"文件浏览器"命令打开 Nautilus 文件管理器，然后在右侧窗口空白处单击右键，在弹出的菜单中选择"创建文档"→"空文件"命令，如图 2-10 所示。最后输入要创建文件的名字 test，输入名字后按 Enter 键即可。

图 2-10　创建文档

【例 2-2】在用户主目录中创建空文件夹 testdir。

先通过菜单"应用程序"→"系统工具"→"文件浏览器"命令打开 Nautilus 文件管理器，然后在右侧窗口空白处单击右键，在弹出的菜单中选择"创建文件夹"命令，如图 2-11 所示。最后输入要创建文件夹的名字 testdir，输入完名字后按 Enter 键即可。

图 2-11　创建文件夹

【例 2-3】删除在用户主目录中创建的文件夹 testdir。

在桌面右击"用户主目录"，在弹出的菜单中选择"浏览文件夹"命令将打开 Nautilus 文件管理器，然后右键单击 testdir 目录，在弹出的菜单中选择"移动到回收站"命令，即可删除目录 testdir，如图 2-12 所示。

图 2-12　删除文件夹

2.3.3　设置文件管理器

Nautilus 的浏览模式默认不显示地址栏、树形导航，需要进行设置才能显示。

【例 2-4】设置 Nautilus 浏览器显示地址栏。

选择系统菜单"应用程序"→"浏览文件夹"命令，打开 Nautilus 文件管理器，按组合键 Ctrl+L 或单击地址栏上位置按钮前的地址栏切换按钮即可，如图 2-13 所示。

图 2-13　设置显示地址栏

【例 2-5】设置 Nautilus 文件管理器左侧显示树形导航窗口。

很多用户习惯于 Windows 系统资源管理器中的树形导航浏览模式，Nautilus 默认只是"位置"模式，只显示主要的位置。单击"位置"，弹出下拉菜单，选择"树"命令即可，树形浏览模式显示效果如图 2-14 所示。

图 2-14　树形浏览模式显示效果

很多用户习惯于直接双击桌面上的"计算机"图标来打开 Nautilus 文件管理器。但是，通过这种方式打开的 Nautilus 文件管理器是 Spatial 模式。可以通过设置使用户双击桌面上的"计算机"图标时始终以浏览模式打开。

【例 2-6】设置 Nautilus 文件管理器的打开方式始终是浏览模式。

通过系统菜单"系统"→"首选项"→"文件管理"命令打开"文件管理首选项"对话框。打开"行为"选项卡，勾选"总是在浏览器窗口中打开"复选框，然后单击该对话框中的"关闭"按钮即可，如图 2-15 所示。

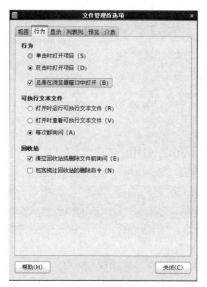

图 2-15　设置打开方式

2.4　GNOME 基本设置

2.4.1　设置屏幕分辨率、面板及外观

GNOME 桌面提供了直观、方便的图形化操作界面。这些图形化操作界面在很多地方都有默认设

置，需要对这些默认设置进行一些个性化设置才能满足不同用户的操作需求。

1．设置屏幕分辨率

屏幕分辨率在默认情况下可能并不是最佳的分辨率设置，不同的显示器都有自己最适合的分辨率数值，GNOME 提供了各种不同的分辨率。

【例 2-7】设置屏幕分辨率为 1024×768。

在顶部面板的系统菜单中，选择"系统"→"首选项"→"显示"命令，将弹出"显示首选项"对话框，选择分辨率后面的上下箭头，选择"1024×768"项，然后单击"应用"按钮，如图 2-16 所示。接下来在弹出的对话框中单击"保持当前配置"按钮，又回到图 2-16，单击"关闭"按钮即可。

图 2-16　显示首选项

2．设置面板

系统面板的默认设置可以满足绝大部分用户的需求，GNOME 允许设置系统面板自动隐藏，可以在面板上添加应用程序的快捷启动器，还可以将一些不需要的快捷启动器删除。

面板可添加、删除或移动位置到屏幕的顶部、底部、左侧或右侧。操作时在面板的空白处单击右键，弹出快捷菜单，如图 2-17 所示。"属性"可设置面板的一些属性，如大小、显示位置、自动隐藏等。"删除该面板"可将该面板删除。"新建面板"可创建一个空白面板，然后可在面板上放置应用程序的快捷启动器。

面板上的应用程序快捷启动器可添加、删除和移动位置。在如图 2-17 所示的快捷菜单中，"添加到面板"可添加应用程序的快捷启动器。在面板上的快捷启动器图标上单击右键，在弹出菜单中选择"从面板上删除"命令，可将快捷启动器删除，如图 2-18 所示。取消选中如图 2-18 所示的"锁定到面板"复选框，则"移动"菜单项将变为可用，用鼠标移动快捷启动器到其他位置，单击鼠标，即完成对快捷启动器的移动。

【例 2-8】设置底部面板自动隐藏。

在底部面板上空白处单击右键，在弹出的菜单中选择"属性"命令，弹出"面板属性"对话框，勾选"自动隐藏"复选框后单击"关闭"按钮，如图 2-19 所示，将隐藏底部面板。

图 2-17　面板快捷菜单　　　　　　　　图 2-18　启动器快捷菜单

图 2-19　面板属性

【例 2-9】在顶部面板上添加"gedit 文本编辑器"快捷启动器。

选择系统菜单"应用程序"→"附件"→"gedit 文本编辑器"命令，然后单击鼠标右键，在弹出的菜单中选择"将此启动器添加到面板"，如图 2-20 所示。添加后的效果如图 2-21 所示。

图 2-20　添加"gedit 文本编辑器"快捷启动器

图 2-21　顶部面板上的"gedit 文本编辑器"快捷启动器

35

【例 2-10】在顶部面板上添加"显示桌面"快捷启动器。

在顶部面板空白处单击鼠标右键，在弹出的菜单中选择"添加到面板"，将弹出"添加到面板"对话框，选中"显示桌面"项，然后单击"添加"按钮，如图 2-22 所示。

图 2-22 "添加到面板"对话框

3. 设置外观

设置外观包含桌面背景、主题及字体 3 个方面的设置。这 3 个方面的设置可通过"外观"实用程序来进行。

用以下两种方法均可打开"外观首选项"对话框，如图 2-23 所示。

- 在桌面空白处单击鼠标右键，在弹出的快捷菜单中选择"更改桌面背景"命令。
- 在面板的"系统"菜单中，选择"系统"→"首选项"→"桌面背景"命令。

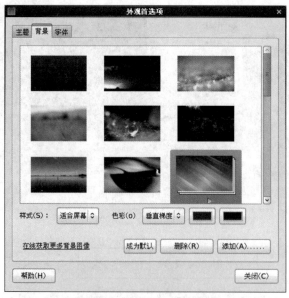

图 2-23 "外观首选项"对话框

（1）设置桌面背景。

很多用户不喜欢默认的桌面背景，而是将桌面背景设置成自己喜欢的图片或颜色。Linux 操作系统的 GNOME 桌面环境允许用户更改桌面的背景或颜色。将背景设置成图片时，可选择"平铺""居中""放大"或"填充屏幕"等样式，在设置颜色时，可选择的颜色表现方式有"纯色""水平渐变"和"垂直渐变"等。

【例 2-11】设置桌面背景为 Lobos Sunset 图片。

具体操作步骤如下。

首先，打开"外观首选项"对话框。单击打开"背景"选项卡，如图 2-23 所示。

其次，在图 2-23 中选择图片，每单击一张图片，图片效果就会在桌面背景中展示。鼠标停在图片上，会显示图片的名称等图片属性。第 1 列第 3 行就是 Lobos Sunset 图片。

在图 2-23 所示的对话框中，可以设置图片在屏幕中的样式，如平铺、缩放、居中、按比例和适合屏幕等样式，用户可根据需要进行选择。如果不喜欢系统提供的图片，用户可以单击"添加"按钮，选择自己喜欢的图片。

（2）设置主题。

GNOME 环境提供了多种窗口界面效果主题，即窗口显示风格，用户可以进行设置。

【例 2-12】设置窗口主题为"薄雾"。

具体操作步骤如下。

打开"外观首选项"对话框，单击打开"主题"选项卡。在该选项卡中选择主题"薄雾"，单击"关闭"按钮，如图 2-24 所示。

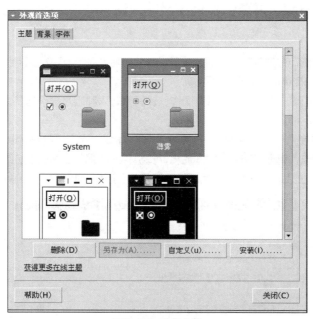

图 2-24 选择主题

（3）设置字体。

在 GNOME 环境应用程序中，窗口、桌面、窗口标题的字体都可进行设置。

【例 2-13】设置桌面字体为"文泉驿等宽正黑"，样式为粗体，大小为 12。

具体操作步骤如下。

打开"外观首选项"对话框，单击打开"字体"选项卡，单击"桌面字体"按钮，在弹出的"拾取字体"对话框中，在"字体族"中选择"文泉驿等宽正黑"，在样式中选择"Bold"，在"大小"中选择"12"，然后单击"确定"按钮，返回结果如图 2-25 所示。

图 2-25　字体选择结果

2.4.2　设置电源、屏幕保护程序及输入法

1. 设置电源

设置电源可以设置系统空闲多长时间后计算机转入睡眠和显示器转入睡眠，还可以设置按下计算机电源按钮后，系统选择询问、休眠或是关机。

【例 2-14】设置电源，若连续一小时无操作，计算机转入睡眠及显示器转入睡眠。

具体操作步骤如下。

选择系统菜单"系统"→"首选项"→"电源管理"命令，弹出"电源首选项"对话框。单击打开"交流电供电时"选项卡，单击"空闲此时间后将计算机转入睡眠"后面的下拉箭头，选择"1 小时"，单击"空闲此时间后将显示器转入睡眠"后面的下拉箭头，选择"1 小时"，如图 2-26 所示。

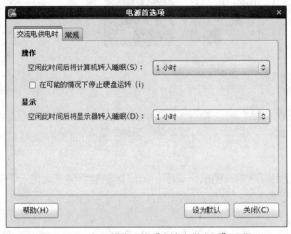

图 2-26　电源首选项的"交流电供电时"设置

【例 2-15】设置电源，使按下电源按钮时，计算机转入休眠。

具体操作步骤如下。

按照例 2-14 的方法打开"电源首选项"对话框，单击打开"常规"选项卡，单击"按下了电源按钮时"后面的下拉箭头，选择"休眠"，单击"关闭"按钮，如图 2-27 所示。

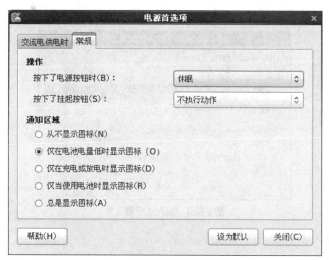

图 2-27　电源首选项的"常规"设置

2. 设置屏幕保护程序

设置多长时间没有操作计算机，计算机运行屏幕保护程序。

【例 2-16】设置屏幕保护程序，10 分钟无操作，则设定屏幕保护程序主题为"浮动的脚"。

具体操作步骤如下。

选择菜单"系统"→"首选项"→"屏幕保护程序"菜单项，弹出用于设置屏幕保护程序的"屏幕保护程序首选项"对话框，选择"屏幕保护程序主题"为"浮动的脚"，移动"于此时间后视计算机为空闲"后的滑块到 10 分钟位置，如图 2-28 所示。

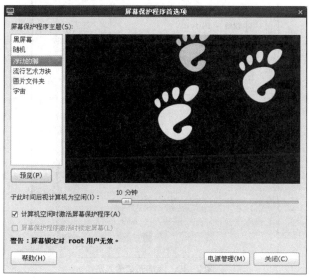

图 2-28　设置屏幕保护程序

3. 设置输入法

GNOME 环境默认仅仅安装了汉字的拼音输入法，很多用户习惯使用五笔输入法，这需要单独安装和设置。

选择菜单"系统"→"首选项"→"输入法"命令，弹出"IM Chooser-输入法配置工具"对话框，如图 2-29 所示。

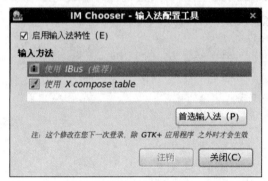

图 2-29　输入法配置工具

【例 2-17】在输入法中添加五笔输入法。

具体操作步骤如下。

打开"IM Chooser-输入法配置工具"对话框，单击"首选输入法"按钮，弹出"IBus 设置"对话框。在该对话框中单击打开"输入法"选项卡，单击"选择输入法"下拉列表框，在弹出列表项中选择"汉语"→"五笔 86"输入法，然后单击"添加"按钮即可完成五笔输入法的添加，添加五笔输入法结果如图 2-30 所示。

图 2-30　添加五笔输入法

在需要输入文字的时候，按组合键 Ctrl+Space 可切换中英文输入法。在中文输入法状态下，输入法之间切换可按组合键 Alt+Shift（Shift 键为键盘左边的 Shift 键）完成，还可以单击顶部面板中的"IBus 设置"快捷启动器，用鼠标在弹出的输入法中进行选择。

2.4.3　其他常用设置

在 GNOME 桌面环境中，除了上面的常用设置之外，还可以进行一些其他桌面环境设置，如键盘、鼠标、声音、日期和时间设置等。

1. 键盘设置

可以设置"按住某一按键时重复该键"的延时及速度，还可以进行"允许键盘控制鼠标指针"等很多其他设置。

【例 2-18】设置允许用键盘控制鼠标指针。

具体操作步骤如下。

选择菜单"系统"→"首选项"→"键盘"命令，打开"键盘首选项"对话框，单击"鼠标键"选项卡，勾选"允许使用键盘控制指针"复选框，"加速""速度""延时"这 3 项设置选择默认值，如图 2-31 所示。

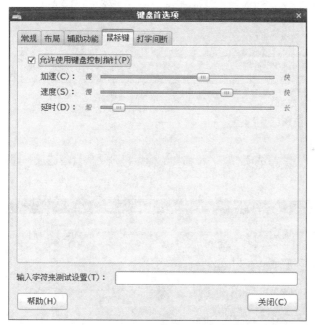

图 2-31　键盘首选项

2. 鼠标设置

可以设置鼠标的使用方式是左手还是右手，还可以设置鼠标的灵敏度等。

【例 2-19】设置惯用左手使用鼠标。

具体操作步骤如下。

选择菜单"系统"→"首选项"→"鼠标"命令，打开"鼠标首选项"对话框，单击打开"常规"选项卡，选择"惯用左手"单选按钮，如图 2-32 所示。

3. 声音设置

可以设置声音的音量大小、静音，还可以设置报警声音类型等。

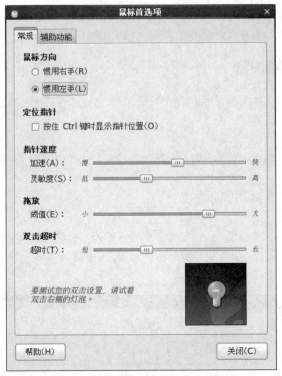

图 2-32　鼠标首选项

【例 2-20】设置系统声音为静音。

具体操作步骤如下。

选择菜单"系统"→"首选项"→"声音"命令，打开"声音首选项"对话框，勾选"静音"复选框，如图 2-33 所示。

图 2-33　声音首选项

4. 日期/时间属性设置

可以设置是否在网络上同步日期和时间，还可以设置时区、本地系统日期和时间等。

【例 2-21】设置在网络上同步日期和时间。

具体操作步骤如下。

选择菜单"系统"→"管理"→"日期和时间"命令，打开"日期/时间属性"对话框，勾选"在网络上同步日期和时间"复选框，如图 2-34 所示。

图 2-34　日期/时间属性设置

2.5　小结

（1）X Window 是一种可以运行在 Linux 等系统中的应用程序，包括 X Server、X Client 和 X Protocol 三个主要部分。

（2）Linux 中主要有 GNOME 和 KDE 两种图形化桌面环境，其中 GNOME 桌面上有顶部面板和底部面板，在顶部面板上有系统菜单。

（3）RHEL 6 默认使用 Nautilus 文件管理器来管理系统中的文件资源，有浏览模式和 Spatial 模式两种显示模式。

（4）RHEL 6 中的 GNOME 桌面环境可以根据自己的需要进行个性化设置，包括对屏幕分辨率、面板、外观、电源、屏幕保护程序和输入法等进行的设置。

2.6　实训　Linux 图形化用户界面综合实训

1. 实训目的

（1）掌握在面板和桌面上添加应用程序的快捷启动器方法。

（2）掌握 Nautilus 文件管理器的使用方法。

（3）掌握常见 GNOME 桌面环境的设置方法。

2. 实训内容

（1）设置报警声音静音。

（2）在顶部面板中添加"抓图"程序的快捷启动器。

（3）在底部面板的最左边添加类似于 Windows 系统的"开始"主菜单。

（4）设置 Nautilus 文件管理器，双击桌面上的"计算机"图标可以以浏览模式打开。

（5）添加"汉语–五笔 86"输入法，并删除"汉语 – Chewing"输入法。

（6）在桌面上添加"gedit 文本编辑器"程序的快捷启动器。

（7）更改窗口外观主题为"薄雾"。

（8）设置若 1 个小时不操作电脑，则计算机转入睡眠状态。

（9）设置屏幕保护程序，若连续 10 分钟无操作，则设定屏幕保护程序主题为"流行艺术方块"。

（10）设置底部面板自动隐藏。

2.7 习题

1. 选择题

（1）Linux 下的图形化界面被称为（　　　）。

    A. MS Window　　B. MS Windows　　C. X Window　　　D. X Windows

（2）在 RHEL 6 中，默认的图形化界面环境为（　　　）。

    A. GNOME　　　　B. KDE　　　　　　C. Window Maker D. Blackbox

（3）在 RHEL 6 中，默认的系统面板有（　　）个。

    A. 1　　　　　　　B. 2　　　　　　　C. 3　　　　　　　D. 4

（4）以下关于 Linux 的描述不正确的是（　　　）。

    A. 系统菜单中的应用程序启动菜单项可以被创建在面板和桌面上

    B. 面板可以设置为自动隐藏

    C. 面板不能改变其默认显示位置

    D. 可以改变系统菜单在面板中的显示位置

（5）root 用户主目录的默认路径为（　　　）。

    A. /root　　　　　　B. /　　　　　　　C. /user　　　　　D. /home

（6）切换中英文输入法的组合键是（　　　）。

    A. Ctrl+Backspace　　　　　　　　　B. Ctrl+Shift

    C. Ctrl+Enter　　　　　　　　　　　D. Ctrl+Space

（7）GNOME 图形化用户界面是基于（　　　）开发的。

    A. Qt3 图形库和 C 语言　　　　　　B. Qt3 图形库和 C++语言

    C. GTK 图形库和 C 语言　　　　　　D. GTK 图形库和 C++语言

（8）以下说法错误的是（　　　）。

    A. Linux 不但可以使用 GNOME 桌面环境，也可以使用 KDE 桌面环境

    B. Linux 环境不支持中文

    C. Linux 环境可以安装五笔输入法

    D. Linux 环境可以使用宋体字

（9）root 用户登录系统后，桌面有一个图标"root 的主文件夹"，其实际路径是（　　　）。

    A. /root　　　　　B. /home　　　　　C. /home/root　　D. /desktop

（10）X Window 包含 X Server、X Client 和 X Protocol 三部分，其中（　　　）部分用于控制鼠标、键盘和显示器等输入/输出设备。

      A．X Server   B．X Client   C．X Protocol   D．X Server 和 X Client

2. 填空题

（1）GNOME 顶部面板上的系统菜单包括_____、_____和_____3 个主菜单。

（2）Linux 中主要的两种桌面环境分别是_____和_____。

（3）Linux 中屏幕保护程序对_____用户没有作用。

3. 判断题

（1）X Window 是一种操作系统。（　　　）

（2）GNOME 环境下系统面板默认的虚拟桌面有 4 个。（　　　）

（3）Linux 中默认只有顶部和底部两个面板。（　　　）

（4）Nautilus 文件管理器可以访问 FTP、Samba 和 NFS 网络资源。（　　　）

（5）Linux 可以设置不同的窗口主题效果。（　　　）

4. 简答题

（1）X Window 包括哪几个部分？各部分有何作用？

（2）GNOME 桌面环境包括哪几个部分？各部分的功能是什么？

（3）Nautilus 有何作用？Nautilus 的两种浏览模式有何区别？

（4）简述在 Linux 的 GNOME 桌面环境中如何添加五笔输入法。

第3章

Linux常用Shell命令

03

【本章导读】

本章先介绍了 Shell 的简介，然后介绍了 Shell 语法及特点，接着详细介绍了 Shell 命令的使用方式，包括 Shell 基本命令、文件与目录操作命令以及 VI 编辑器等。

【本章要点】

1. Shell 的简介
2. Shell 的语法特点
3. Shell 的基本命令

4. Shell 的文件操作命令
5. Shell 的目录操作命令
6. Shell 的 VI 编辑器

3.1 Shell 基础

3.1.1 Shell 简介

Shell 是 Linux 系统的用户界面，提供了用户与内核进行交互操作的一种接口，它接收用户输入的命令并把它送入内核执行。在 Linux 中，Shell 是操作系统的外壳，它是命令语言、命令解释程序及程序设计语言的统称。当用户向 Shell 发出各种命令时，内核（Kernel）会接收命令并做出相应的反应。图 3-1 显示了 Shell 在 Linux 系统中的地位和作用。

图 3-1　Shell 的地位

从图 3-1 可以看出，Shell 在 Linux 系统中处于承上启下的地位，它负责连接 Linux 中的用户空间与内核空间。每个 Linux 系统的用户都可以拥有他自己的用户界面或 Shell，以满足他们自己的 Shell 需要。同 Linux 本身一样，Shell 也有多种不同的版本，目前常用的 Shell 版本有以下几种。

- Bourne Shell：由贝尔实验室开发。
- BASH：GNU 的 Bourne Again Shell，是 GNU 操作系统上默认的 Shell。
- Korn Shell：是对 Bourne Shell 的发展，在大部分内容上与 Bourne Shell 兼容。

在 RHEL 6.9 中，打开 etc 目录下的 shells 文件，可以看到系统可用的 Shells，如图 3-2 所示。

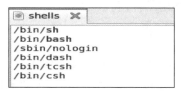

图 3 2　Shells

其中/bin/bash 是 Linux 中默认的 Shell，以红色文字表示。

3.1.2　Shell 语法及特点

1. Shell 命令提示符

在登录进入 Linux 后会出现 Shell 命令提示符，如图 3-3 所示。

图 3-3　Shell 命令提示符

其中方括号内在@前面的为已登录的用户，如图 3-3 中显示的是根用户 root。@以后为计算机的主机名，如图 3-3 所示为 RHEL 6。主机名以后的内容显示的是该命令显示的目录，如图 3-3 所示为桌面。在方括号外的为 Shell 命令的提示符，其中又包含#和$，#是超级用户端提示符，而$是普通用户端提示符，如图 3-3 所示为#，则代表当前用户是超级用户（root 代表管理员）。

2. Shell 命令基本格式

Shell 命令由命令名、选项和参数三部分组成，常见格式如下。

命令名 [选项] [参数 1] [参数 2]...

（1）命令名：用于描述该命令的英文单词或单词的缩写，也可以是可执行文件名。如切换用户账号的 su 命令，切换工作目录的 cd 命令，列出目录内容的 ls 命令等。

（2）选项：对命令的特别定义或是对命令功能的补充。对同一个命令使用不同的选项可以有不同的功能。选项以连续的字符开始，多个选项可以用连字符连接起来，如 ls-l-a，ls-la 等。

（3）参数：提供该命令运行的信息，可以有也可以没有。有多个参数时，相邻参数间用空格分隔开。

值得注意的是，输入 Shell 命令后，即可以按 Enter 键立即执行该命令。

3. Shell 命令的特点

（1）命令的记忆功能。

在 Linux 中的命令行按住键盘上的上下方向键，可以找到之前使用过的命令，这些命令会在系统被注销时记录到.bash_history 文件中。

（2）命令的补全功能。

在命令行中的命令或者参数的后面使用 Tab 键可以列出用户想要的命令或者是文件。默认情况下，

bash 命令行可以自动补全文件或目录名称。

（3）通配符。

在 Linux 中使用通配符可以帮助用户查询和执行命令，同时，熟练使用通配符可以加快用户操作速度，提高工作效率。在 Linux 中常见的通配符如下所示。

- ？：表示该位置是一个任意出现的字符。
- *：表示该位置是若干个任意字符。

（4）重定向。

重定向包含输入重定向和输出重定向。其中输入重定向就是将标准输入从文本或者标准数据流中输入到 Shell 命令中。而输出重定向是将 Shell 的输出内容从窗口打印输出到文件中。

（5）管道。

管道可以把一系列命令连接起来，这意味着第一个命令的输出会作为第二个命令的输入通过管道传给第二个命令，第二个命令的输出又会作为第三个命令的输入，以此类推。

（6）注释符。

在 Shell 编程中经常要对某些正文行进行注释，以增加程序的可读性，在 Shell 中以字符#开头的正文行表示注释行。

3.2　Shell 命令入门

3.2.1　启动 Shell

在 Linux 中启动 Shell 常用的方式主要有以下三种。

- 在桌面上依次选择"应用程序"→"系统工具"→"终端"命令启动。
- 在桌面窗口中直接单击鼠标右键，在出现的菜单中选择"在终端中打开"命令启动。
- 在桌面环境下按组合键 Alt+Ctrl+（F2～F6 中任意一个）即可进入虚拟终端，再按组合键 Alt+Ctrl+F1 即可返回图形化界面。

【例 3-1】从应用程序中启动 Linux 终端命令行。

具体操作步骤如下。

选择"应用程序"→"系统工具"→"终端"命令，即可启动 Linux 终端命令行，如图 3-4 和图 3-5 所示。

图 3-4　选择命令

图 3-5　打开终端命令行

【例 3-2】从桌面直接启动 Linux 终端命令行。

具体操作步骤如下。

在桌面窗口中单击鼠标右键，在弹出的菜单中选择"在终端中打开"命令启动，即可启动 Linux 终端命令行，如图 3-6 所示。

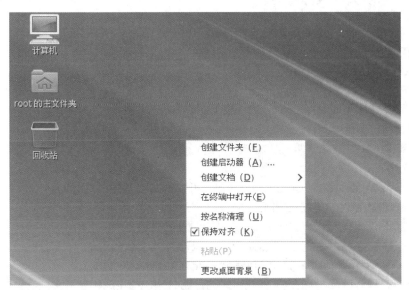

图 3-6　在桌面直接启动

3.2.2　Shell 基本命令

在 Shell 中的基本命令主要包括系统的注销、重启、关机以及常见的帮助命令等。本节主要介绍以上命令。

（1）注销。

已经登录的用户如果不需要再使用该系统则应当注销，注销的方式是在命令提示符后输入命令 exit 再按 Enter 键即可。

（2）重启。

当用户打算重新启动 Linux 系统时，可以在命令提示符后输入命令 reboot，再按 Enter 键，即可执行重启操作。

值得注意的是，超级用户也可以执行命令 shutdown –r now 来重启系统。

（3）关机。

在用户打算关闭系统时，可以在命令提示符后输入命令 halt，再按 Enter 键来执行关机操作。

值得注意的是，超级用户也可以执行命令 shutdown –h now 来关闭系统。

（4）帮助命令。

当用户对于 Linux 中的命令不太清楚时，可以使用在线帮助命令来快速查找命令及命令的使用方法。输入命令 man 即可达到这一目的。如输入命令 man date，即可查询关于日期命令的使用方式。用户可以使用上下方向键来前后翻阅帮助信息，也可以按 Q 键退出。

（5）切换用户账号命令。

当用户想要使用其他账号进行登录时，可以使用命令 su 来切换用户账号。例如，输入命令：su – 可以实现普通用户账号和管理员账号的切换。

3.3 文件和目录相关命令

3.3.1 常用文件操作命令

Linux 操作系统有一个重要的概念—— 一切皆文件。这说明了文件的重要性。本节将介绍 Linux 中文件的基本操作命令。

1. touch——创建文件

touch 命令有两个功能：一是用于把已存在文件的时间标签更新为系统当前的时间（默认方式），文件的数据将被原封不动地保留下来；二是用来创建新的空文件。

touch 命令语法如下。

touch（参数）文件名

参数含义如下。

-a：或--time=atime 或--time=access 或--time=use，只更改存取时间。

-c：或--no-create，不建立任何文件。

-d：<时间日期>，使用指定的日期时间，而非现在的时间。

-f：此参数将被忽略，不予处理，仅负责解决 BSD 版本 touch 指令的兼容性问题。

-m：或--time=mtime 或--time=modify，更改文件的修改时间。

-r：<参考文件或目录>，指定文件或目录的日期时间，都设成和参考文件或目录相同的日期时间；

-t：使用指定时间并设置时间格式。

--help：在线帮助。

--version：显示版本信息。

例如：

[root@ RHEL6 桌面]# touch aa   //在桌面创建一个新文件 aa，如果桌面已经存在 aa 文件，则把该文件的存取和修改时间设置为当前时间

2. cat——查看文件内容

cat 命令的用途是连接文件或标准输入并打印。它常用来显示文件内容，或者将几个文件连接起来显示，或者从标准输入读取内容并显示，常与重定向符号配合使用。

cat 命令语法如下。

cat（参数）文件名

参数含义如下。

-n 或 –number：由 1 开始对所有输出的行数编号。

-b 或 –number-nonblank：和 -n 相似，只不过对空白行不编号。

-s 或 –squeeze-blank：当遇到有连续两行以上的空白行，就替换为一行空白行。

-v 或 –show-nonprinting：显示非打印字符。

例如：

[root@ RHEL6 ~]# cat /etc/issue   //查看/etc/issue 文件的内容

[root@ RHEL6 ~]# cat -n /etc/issue   //查看/etc/issue 文件的内容并在每行前显示行号

3. grep——查找文件内容

grep 命令的功能是查找特定的文件，如在文件中寻找某些信息，便可以使用该命令。

grep 命令语法如下。

grep （参数） 文件名

其中参数是指要寻找的字符串的特征。

参数含义如下。

-v：列出不匹配的行。

-c：对匹配的行计数。

-l：只显示包含匹配模式的文件名。

-h：抑制包含匹配模式的文件名的显示。

-n：每个匹配行只按照相对的行号显示。

-i：对匹配的模式不区分大小写。

例如：

grep -3 user /etc/pass　//在/etc/pass 文件中查找包含字符串 user 的行。如果找到，则显示该行及该行前后各 3 行的内容
grep on day　//在文件 day 中查找包含 on 的行，如果当天为星期一，则输出结果为 monday
grep on day weather　//在文件 day 中查找包含 on 的行，在文件 weather 中查找包含 on 的行

输出结果为：

day:Sunday
weather:sunny

4．head——查看文件开头

head 命令用于显示文件的开头部分，默认显示文件的前 10 行。

head 命令语法如下。

head （参数） 文件名

参数含义如下。

-n num：显示文件的前 num 行。

-c num：显示文件的前 num 个字符串。

例如：

head -n 2 day　//显示文件 day 的前两行
输出结果为：==> day <==
Monday
Tuesday

5．tail——查看文件结尾

tail 命令用于显示文件的结尾部分，默认显示文件的最后 10 行。

tail 命令语法如下。

tail （参数） 文件名

参数含义如下。

-n num：显示文件的末尾 num 行。

-c num：显示文件的末尾 num 个字符串。

+ num：从第 num 行开始显示文件内容。

例如：

tail -n 2 day　//显示文件 day 的末尾两行
输出结果为：
==> day <==

Saturday

Sunday

6. more——分页显示文件

之前讲的 cat 命令在用来显示文件时，会将文件的内容全部显示出来。由此会导致用户最终只能看见文件的最后部分。而 more 命令则可以分屏显示文件内容，因此该命令的用途更广泛。

more 命令语法如下。

more （参数） 文件名

参数含义如下。

-num：指定分页显示文件时每页的行数。

+num：指定文件从第 num 行开始显示。

例如：

more file1　//用分页的方式显示文件 file1 的内容

more -5 file1　//用分页的方式显示文件 file1 的内容，并且每页显示 5 行

7. less——对文件的高级显示

less 命令是对 more 命令的改进和加强，less 命令除了可以向下翻页之外，还可以向上翻页和前后翻页。

less 命令语法如下。

less（参数）文件名

参数含义如下。

-b：向后翻一页。

-d：向后翻半页。

-h：显示帮助界面。

-Q：退出 less 命令。

-u：向前滚动半页。

-y：向前滚动一行。

空格键：滚动一行。

Enter 键：滚动一页。

[pagedown]：向下翻动一页。

[pageup]：向上翻动一页。

例如：

less file1　//以分页的方式查看文件 file1 的内容

8. cp——复制文件

cp 命令用于复制文件或者目录。

cp 命令的语法如下：

cp （参数）源文件或目录 目标文件或目录

参数含义如下。

-a：在复制过程中尽可能地保留文件状态和权限等属性。

-r：用于目录的复制。

-d：用于文件属性的复制。

-f：强制复制。

-i：询问复制。

-p：与文件属性一同复制。

-u：更新复制。

例如：

```
cp test1 test2  //将文件 test1 复制成 test2，在复制时更改文件的名字
cp –u test1 test2  //将文件 test1 复制成 test2，但是只有源文件比目的文件的修改时间新时，才复制文件
cp –f test1 test2  //将文件 test1 复制成 test2，因为目的文件已经存在，所以指定使用强制复制的模式
cp –p a.txt tmp  //复制时保留文件属性，tmp 代表目录
```

值得注意的是，cp 命令中的源文件和目的文件所拥有的权限是不同的，目的文件的拥有者通常是指操作者本身。因此，在使用 cp 命令时，要特别注意某些特殊权限文件，例如，加密的文件或者配置文件等，如果不能直接复制，就需要加上–a 或–p 的属性。

9. mv——移动文件

mv 命令是 move 的缩写，用于移动文件或者目录。在移动该文件的同时还可以更改源文件的名称。

mv 命令语法如下。

```
mv（参数）源文件或目录 目标文件或目录
```

参数含义如下。

–f：强制复制。

–i：询问复制。

–u：更新复制。

–b：若文件存在，在覆盖前为其创建一个备份。

例如：

```
mv test1 test2  //将文件 test1 改名为 test2
```

10. rm——删除文件

rm 命令用于删除文件或者目录。使用该命令可以一次性删除多个文件。

rm 命令语法如下。

```
rm（参数）文件名
```

参数含义如下。

–f：强制删除。

–i：在删除前询问用户。

–r：用于目录的删除。

例如：

```
rm –i etc/hello  //询问用户是否要删除普通的空文件 etc/hello，用户回答 y 表示确认删除，回答 n 表示跳过
```
值得注意的是，使用 rm 命令删除的文件将会永久丢失，因此保险的做法是使用–i 命令来询问用户以确认该操作
```
rm test1 test2  //同时删除多个文件 test1 和 test2
```

11. find——文件查找

find 命令用于在指定的范围内迅速找到需要的文件。

find 命令语法如下。

```
find 路径（参数）
```

参数含义如下。

–name filename：查找指定名称的文件。

–user username：查找属于指定用户的文件。

–group groupname：查找属于指定组的文件。

–print：显示查找结果。

-size n: 查找大小为 n 块的文件，一块为 512B。

-inum n: 查找索引节点号为 n 的文件。

-type: 查找指定类型的文件，文件类型包括 b（块设备文件）、c（字符设备文件）、d（目录）、p（管道）、l（符号链接文件）、f（普通文件）6 种。

-atime n: 查找 n 天前被访问的文件。

-exec command {}: 对匹配指定的文件执行 command 命令。

例如：

```
find -atime -2   //查找在 2 天内访问过的文件
find -type f -perm 755 -exec ls {}\   // 查找权限为 755 的普通文件
find -type f -name "&.log"   //查找类型为 log 的文件
```

12. which——文件定位

which 命令用于在 PATH 变量指定的路径中搜索某个系统命令的位置，并且返回第一个搜索结果。

which 命令语法如下。

```
which（参数）
```

参数含义如下。

-n: 指定文件名长度。

-p: 同样是指定文件名长度，但是该处的文件名长度包含了文件的路径。

-w: 指定输出时栏位的宽度。

-v: 显示版本的信息。

例如：

```
which bash   //查看 bash 的绝对路径
```

13. ls——查看文件类型

ls 命令用于列出文件或者目录信息。

ls 命令语法如下。

```
ls （参数） 文件或目录名
```

参数含义如下。

-a: 显示所有文件。

-A: 显示所有文件，包括隐藏文件，但 "." 和 ".." 除外。

-c: 按照文件的修改时间排序。

-h: 列出文件大小。

-l: 以长格形式显示文件。

-i: 在输出的第一列显示文件的 i 节点。

-t: 以文件名称的修改时间排序。

例如：

```
ls  //列出当前目录下的文件及目录
ls -a //列出所有文件
ls -l //列出当前目录下的所有文件，并将文件的所有信息都展示出来（文件权限、文件所有者、文件大小等）
ls -t //按照文件的最后修改时间列出文件
```

14. diff——比较文件内容

diff 命令用于比较两个文件内容的不同。

diff 命令语法如下。

diff （参数）源文件 目标文件

参数含义如下。

-a：将所有命令当作文本处理。

-b：忽略空格的不同。

-B：忽略空行的不同。

-q：只指出什么地方不同，忽略具体信息。

-i：忽略大小写。

例如：

diff a.txt b.txt　//比较文件 a.txt 和 b.txt 的不同

3.3.2　常用目录操作命令

3.3.1 节讲述了 Linux 中的常用文件操作命令，本节将介绍 Linux 中目录的基本操作命令。

1. pwd——查看当前路径

pwd 命令用于显示当前目录的完整路径。

pwd 命令语法如下。

pwd

值得注意的是，在 Linux 中的路径分为绝对路径和相对路径。绝对路径是指从 / 根目录到当前目录的路径；而相对路径是指从当前目录到其子目录的路径。目录之间的层次关系用"/"表示。

其中，/ 根目录位于 Linux 文件系统目录结构的顶层，一般根目录下只存放目录。

在根目录下还包含子目录，用于放置对应的系统文件。

例如：

[root@ RHEL6 etc]pwd　//显示当前目录的路径，输出结果为/etc，其中/etc 代表 etc 目录

2. mkdir——创建新目录

mkdir 命令用于创建新目录。

mkdir 命令语法如下。

mkdir（参数）目录名

参数含义如下。

-m：对新建的目录设置权限。

-p：建立所需要的新目录递归（如果父目录不存在，则同时创建该目录和该目录的父目录）。

例如：

mkdir stu　//在当前目录下创建新目录 stu

mkdir -p div1/div2　//在当前目录 div1 中创建 div2 子目录，如果目录 div1 不存在，则同时创建

3. rmdir——删除目录

rmdir 命令用于删除空目录。

rmdir 命令语法如下。

rmdir（参数）目录名

参数含义如下。

-p：在删除目录时，一同删除该目录的父目录。但前提是父目录中没有其他目录和文件。

例如：

rmdir stu1　//在当前目录中删除空目录 stu1

rmdir -p stu1/stu2　//删除当前目录中的 stu1/stu2 子目录，若目录 stu1 中无其他目录，则一同删除

4. cd——切换目录

cd 命令用于在不同的目录中进行切换。用户登录 Linux 系统后，会处于用户的家目录下，如果用户以 root 账号登录，则家目录为/root。这时候如果该用户想跳转到其他目录中，就可以使用 cd 来进行切换。

值得注意的是，在 Linux 系统中，用“.”代表当前目录，“..”代表当前目录的父目录，“～”代表用户的家目录（主目录），“/”代表系统的根目录。

例如：

> [root@ RHEL6 ~]# cd //没有加上任何路径，表示回到用户自己的主文件夹
>
> [root@ RHEL6 ~]# cd ~ //表示回到用户自己的主文件夹
>
> [root@ RHEL6 ~]# cd /var/spool/mail //表示进入到目录/var/spool/mail 中去
>
> [root@ RHEL6 mail]# cd .. //表示进入当前目录的父目录中去
>
> [root@ RHEL6 mail]# cd ../user //表示进入当前目录的父目录中的子目录/user 中去

5. mv——移动目录

mv 命令除了可以移动文件外，还可以移动目录。

例如：

> mv stu bin/ //将文件 stu 移动到目录 bin/下
>
> mv bin/ 桌面/ //将目录 bin/移动到桌面上

6. cp——复制目录

cp 命令除了可以复制文件外，还可以复制目录。例如：

> [root@ RHEL6 ~]# cp /tmp //切换目录到/tmp
>
> [root@ RHEL6 tmp]# cp /var/log/wtmp. //表示将/var/log/wtmp 复制到 tmp 目录下

注意 为了能够复制到当前目录，最后的“.”不能省略。

> cp -rf /home/user1/* /root/temp/ //将目录/home/user1/下的所有内容复制到/root/temp/下而不复制目录 user1 本身。

3.3.3 文件与目录操作综合应用

【例 3-3】使用命令执行目录间的跳转。

具体操作步骤如下。

（1）以 root 身份进入 Linux 操作系统，打开终端，此时界面显示如图 3-7 所示。

图 3-7 Linux 终端界面窗口

（2）输入命令 cd..，进入上层目录，界面如图 3-8 所示。在这个界面中，输入命令 ls -l，查看上层目录的文件，显示界面如图 3-9 所示。

```
[root@RHEL6 桌面]# cd ..
[root@RHEL6 ~]#
```

图 3-8 进入上层目录

```
[root@RHEL6 ~]# ls -l
总用量 100
-rw-------. 1 root root  1546 6月   3 18:15 anaconda-ks.cfg
-rw-r--r--. 1 root root 45976 6月   3 18:15 install.log
-rw-r--r--. 1 root root 10449 6月   3 18:14 install.log.syslog
drwxr-xr-x. 2 root root  4096 6月   3 18:17 公共的
drwxr-xr-x. 2 root root  4096 6月   3 18:17 模板
drwxr-xr-x. 2 root root  4096 6月   3 18:17 视频
drwxr-xr-x. 2 root root  4096 6月   3 18:17 图片
drwxr-xr-x. 2 root root  4096 6月   3 18:17 文档
drwxr-xr-x. 2 root root  4096 6月   3 18:17 下载
drwxr-xr-x. 2 root root  4096 6月   3 18:17 音乐
drwxr-xr-x. 2 root root  4096 6月  27 12:46 桌面
[root@RHEL6 ~]#
```

图 3-9　显示上层目录的文件

（3）输入命令 cd /，进入用户根目录，界面如图 3-10 所示。

```
[root@RHEL6 ~]# cd /
[root@RHEL6 /]#
```

图 3-10　进入用户根目录

（4）输入命令 ls -l，查看当前的主目录终端文件，如图 3-11 所示。

```
[root@RHEL6 /]# ls -l
总用量 98
dr-xr-xr-x.   2 root root  4096 6月  25 11:53 bin
dr-xr-xr-x.   5 root root  1024 6月   3 18:15 boot
drwxr-xr-x.   2 root root  4096 10月 21 2016 cgroup
drwxr-xr-x.  21 root root  3860 6月  29 09:42 dev
drwxr-xr-x. 120 root root 12288 6月  29 09:43 etc
drwxr-xr-x.   2 root root  4096 6月  28 2011 home
dr-xr-xr-x.  18 root root 12288 6月  25 11:53 lib
drwx------.   2 root root 16384 6月   3 18:07 lost+found
drwxr-xr-x.   2 root root  4096 6月  28 2011 media
drwxr-xr-x.   2 root root     0 6月  29 09:42 misc
drwxr-xr-x.   2 root root  4096 6月  28 2011 mnt
drwxr-xr-x.   2 root root     0 6月  29 09:42 net
drwxr-xr-x.   3 root root  4096 6月   3 18:14 opt
dr-xr-xr-x. 171 root root     0 6月  29 2018 proc
dr-xr-x---.  26 root root  4096 6月  29 09:43 root
dr-xr-xr-x.   2 root root 12288 6月  25 11:53 sbin
drwxr-xr-x.   7 root root     0 6月  29 2018 selinux
drwxr-xr-x.   2 root root  4096 6月  28 2011 srv
drwxr-xr-x  13 root root     0 6月  29 2018 sys
drwxrwxrwt.  19 root root  4096 6月  29 09:43 tmp
```

图 3-11　显示当前主目录终端文件

（5）输入命令：

cd root

cd 桌面

返回桌面，如图 3-12 所示。

```
[root@RHEL6 /]# cd root
[root@RHEL6 ~]# cd 桌面
[root@RHEL6 桌面]#
```

图 3-12　返回桌面

【例 3-4】目录和文件的建立与删除。

具体操作步骤如下。

（1）在桌面新建两个文件夹，分别是 text1 和 text2，命令如图 3-13 所示。

```
[root@RHEL6 桌面]# mkdir text1
[root@RHEL6 桌面]# mkdir text2
```

图 3-13　新建目录 text1、text2

（2）在目录 text1 中创建子目录 text3，命令如图 3-14 所示。

```
[root@RHEL6 桌面]# mkdir -p text1/text3
```
图 3-14　在 text1 中创建子目录 text3

（3）在 text3 中创建文件 testfile1，命令如图 3-15 所示。

```
[root@RHEL6 桌面]# cd text1/text3
[root@RHEL6 text3]# touch testfile1
```
图 3-15　在 text3 中创建文件 testfile1

（4）将文件 testfile1 复制到目录 text3 中，并改名为 testfile2，命令如图 3-16 所示。

```
[root@RHEL6 text3]# cp testfile1 testfile2
```
图 3-16　在 text3 中复制文件 testfile1 并改名

（5）删除文件 testfile2，命令如图 3-17 所示。

```
[root@RHEL6 text3]# rm testfile2
rm：是否删除普通空文件 "testfile2"？y
[root@RHEL6 text3]# █
```
图 3-17　在 text3 中删除文件 testfile2

（6）删除桌面上的目录 text2，命令如图 3-18 所示。

```
[root@RHEL6 桌面]# rmdir text2
```
图 3-18　删除目录 text2

【例 3-5】显示文件内容。

具体操作步骤如下。

（1）在根目录中进入子目录 bin，命令如图 3-19 所示。

```
[root@RHEL6 桌面]# cd /
[root@RHEL6 /]# cd bin
```
图 3-19　进入子目录 bin

（2）查看目录 bin 中的文件，命令如图 3-20 所示。

```
[root@RHEL6 bin]# ls -l
总用量 7564
-rwxr-xr-x. 1 root root      123 11月 22 2016 alsaunmute
-rwxr-xr-x. 1 root root    26004 2月   7 2017 arch
lrwxrwxrwx. 1 root root        4 6月   3 18:08 awk -> gawk
-rwxr-xr-x. 1 root root    25080 2月   7 2017 basename
-rwxr-xr-x. 1 root root   878152 2月  15 2017 bash
-rwxr-xr-x. 1 root root    47976 2月   7 2017 cat
-rwxr-sr-x. 1 root cgred   12856 10月 21 2016 cgclassify
-rwxr-xr-x. 1 root root    13312 10月 21 2016 cgcreate
-rwxr-xr-x. 1 root root    12216 10月 21 2016 cgdelete
-rwxr-sr-x. 1 root cgred   12884 10月 21 2016 cgexec
-rwxr-xr-x. 1 root root    15820 10月 21 2016 cgget
-rwxr-xr-x. 1 root root    13232 10月 21 2016 cgset
-rwxr-xr-x. 1 root root    16956 10月 21 2016 cgsnapshot
-rwxr-xr-x. 1 root root    57100 2月   7 2017 chgrp
-rwxr-xr-x. 1 root root    52892 2月   7 2017 chmod
-rwxr-xr-x. 1 root root    59360 2月   7 2017 chown
-rwxr-xr-x. 1 root root   123364 2月   7 2017 cp
-rwxr-xr-x. 1 root root   133260 9月  14 2016 cpio
lrwxrwxrwx. 1 root root        4 6月   3 18:14 csh -> tcsh
-rwxr-xr-x. 1 root root    44156 2月   7 2017 cut
```
图 3-20　查看 bin 中的文件

（3）查看文件 zcat，命令如图 3-21 所示。

```
root@RHEL6 bin]# cat zcat
#!/bin/sh
PATH=${GZIP_BINDIR-'/bin'}:$PATH
exec gzip -cd "$@"
```

图 3-21　查看文件 zcat

3.4　系统信息相关命令

3.4.1　常用显示系统信息命令

1．uname——查看系统信息

uname 命令用于显示本机的系统信息。

uname 命令语法如下。

uname（参数）

参数含义如下。

-a：显示所有信息。

-s：显示内核名。

-n：显示本机计算机名。

-r：显示内核版本号。

-m：显示硬件信息。

-i：显示硬件平台。

-p：查看处理器类型。

-o：查看当前运行的操作系统。

例如：

uname　　//不加任何参数的时候，仅显示操作系统的名称

uname -s　　//加上参数 s，显示内核名，输出信息会跟 uname 不带参数时输出的一样

uname -r　　//显示当前正在使用哪个内核发行版

uname -p　　//显示当前的处理器类型

2．du——显示当前目录及子目录所占空间

du 命令用于显示当前目录和子目录所占空间大小。

du 命令语法如下。

du（参数）目录

参数含义如下。

-a：显示所有文件大小。

-s：只显示总计。

例如：

du /du1　　//用于显示当前目录下各级子目录所占用的硬盘空间

值得注意的是，如果在参数后面没有跟目录名，则默认为是当前目录。

3．df——显示所有文件系统的使用情况

df 命令用于显示所有文件系统的使用情况及剩余空间信息。

df 命令语法如下。

df （参数）

参数含义如下。

-a：显示所有文件系统的磁盘使用情况。

-k：以 k 字节为单位显示。

-i：显示 i 节点信息。

-t：显示指定类型的文件系统的磁盘使用情况。

-x：显示非指定类型的文件系统的磁盘使用情况。

-h：以可读性更强的方式来显示。

-T：显示文件系统类型。

例如：

[root@ RHEL6 ~]# df //显示系统上所有已经挂载的分区的大小、已占用的空间、可用空间以及占用率

[root@ RHEL6 ~]# df -h //对显示的内容以可读性更强的方式来显示

4．top——显示系统中进程的资源占用情况

top 命令用于实时显示系统中各进程的资源占用情况，如 CPU、内存、运行时间、交换分区、执行的线程等。使用该命令可以发现系统的缺陷。

top 命令语法如下。

top（参数）d n

参数含义如下。

-b：使用批处理模式。

-c：列举时忽略每个程序的具体情况。

-i：忽略闲置的进程。

-q：持续监控程序。

-s：使用保密模式。

-S：使用累计模式。

此外，d 表示设置 top 监控程序执行状况的间隔时间，以秒为单位；n 表示设置监控信息的更新次数。

例如：

[root@ RHEL6 ~]# top //显示系统进程信息，如图 3-22 所示

```
[root@RHEL6 ~]# top

top - 13:24:54 up  3:42,  2 users,  load average: 0.00, 0.00, 0.00
Tasks: 158 total,   1 running, 157 sleeping,   0 stopped,   0 zombie
Cpu(s):  0.0%us,  0.3%sy,  0.0%ni, 99.7%id,  0.0%wa,  0.0%hi,  0.0%si,  0.0%st
Mem:   1030320k total,   501820k used,   528500k free,    64300k buffers
Swap:  2064380k total,        0k used,  2064380k free,   209176k cached

  PID USER      PR  NI  VIRT  RES  SHR S %CPU %MEM    TIME+  COMMAND
 2110 root      20   0 72700  27m  11m S  0.7  2.7   0:37.38 Xorg
 2389 root      20   0  135m  24m  16m S  0.3  2.4   0:20.70 nautilus
 4045 root      20   0 94080  15m  11m S  0.3  1.5   0:00.21 gnome-terminal
 4058 root      20   0  2708 1128  872 R  0.3  0.1   0:00.11 top
    1 root      20   0  2900 1436 1208 S  0.0  0.1   0:01.87 init
    2 root      20   0     0    0    0 S  0.0  0.0   0:00.00 kthreadd
    3 root      RT   0     0    0    0 S  0.0  0.0   0:00.00 migration/0
    4 root      20   0     0    0    0 S  0.0  0.0   0:00.03 ksoftirqd/0
    5 root      RT   0     0    0    0 S  0.0  0.0   0:00.00 stopper/0
    6 root      RT   0     0    0    0 S  0.0  0.0   0:00.30 watchdog/0
    7 root      20   0     0    0    0 S  0.0  0.0   0:01.09 events/0
    8 root      20   0     0    0    0 S  0.0  0.0   0:00.00 events/0
    9 root      20   0     0    0    0 S  0.0  0.0   0:00.00 events_long/0
   10 root      20   0     0    0    0 S  0.0  0.0   0:00.00 events_power_ef
```

图 3-22 系统进程信息

5. free——查看系统内存和虚拟内存的大小及占用情况

free 命令用于查看系统内存、虚拟内存的大小及占用情况。

free 命令语法如下。

free（参数）

参数含义如下。

-b：以 B 为单位显示内存使用情况。

-k：以 kB 为单位显示内存使用情况。

-m：以 MB 为单位显示内存使用情况。

-g：以 GB 为单位显示内存使用情况。

-o：不显示缓冲区调节列。

-s：持续观察内存使用情况。

-h：使显示的结果具有较强的可读性。

-t：显示内存总和列。

-V：显示版本信息。

例如：

[root@ RHEL6 ~]#free //显示系统内存的使用情况，包括物理内存、交换内存（swap）和内核缓冲区内存

[root@ RHEL6 ~]#free -h //显示系统内存的使用情况，包括物理内存、交换内存（swap）和内核缓冲区内存，可读性更强

[root@ RHEL6 ~]#free -h -s 3 //显示系统内存的使用情况，包括物理内存、交换内存（swap）和内核缓冲区内存，每隔 3 秒输出一次内存使用情况，直到按组合键 Ctrl + C 结束

3.4.2　常用日期时间操作命令

1. date——查看当前系统的日期和时间

date 命令用于显示或者设置系统的日期和时间。

date 命令语法如下。

date（参数）格式控制字符串

参数含义如下。

-d：显示字符串所指的日期与时间。

-s：根据字符串来设置日期与时间。

常见的格式控制字符串含义如下。

%m：月份（01-12）

%U：一年中的第几周（00-53）（以 Sunday 为每周第一天的情形）

%w：一周中的第几天（0-6）

%W：一年中的第几周（00-53）（以 Monday 为每周第一天的情形）

%x：直接显示日期（mm/dd/yy）

%y：年份的最后两位数字（00-99）

%Y：完整年份（0000-9999）

例如：

[root@ RHEL6 ~]# date //显示系统当前的日期和时间

显示结果如图 3-23 所示。

```
[ root@RHEL6 ~]# date
2018年 06月 29日 星期五 13:26:31 CST
```

图 3-23　显示结果

[root@ RHEL6 ~]# date -d "+1 day" +%Y%m%d　//显示前一天的日期

[root@ RHEL6 ~]# date -s　//设置当前时间，只有 root 权限才能设置，其他权限只能查看

2. cal——显示当前系统的月份或年份的日历

cal 命令用于显示指定年份或月份的日历。

cal 命令语法如下。

cal（参数）月份 年份

参数含义如下。

-1：显示一个月的月历。

-3：显示系统前一个月，当前月，下一个月的月历。

-s：显示星期天为每星期的第一天，是默认的格式。

-m：显示星期一为每星期的第一天。

-j：显示在当年中的第几天。

-y：显示当前年份的日历。

例如：

[root@ RHEL6 ~]# cal　//显示系统当前月份的日历

显示结果如图 3-24 所示。

```
[ root@RHEL6 ~]# cal
      六月 2018
 日  一  二  三  四  五  六
                    1   2
 3   4   5   6   7   8   9
10  11  12  13  14  15  16
17  18  19  20  21  22  23
24  25  26  27  28  29  30
```

图 3-24　查看日历

[root@ RHEL6 ~]# cal 9 2018　//显示指定的月份的日历（2018 年 9 月）

[root@ RHEL6 ~]# cal -y 2018　//显示 2018 年日历

3. clock——查看日期和时间

clock 命令用于从计算机的硬件中获取日期和时间。

例如：

[root@ RHEL6 ~]# clock　//显示当前硬件时钟时间

显示结果如图 3-25 所示。

```
[ root@RHEL6 ~]# clock
2018年06月29日 星期五 13时31分31秒  -0.499323 seconds
```

图 3-25　查看系统时间

3.4.3　常用的其他命令

1. clear——清屏

clear 命令用于清除字符终端屏幕内容。

例如:

[root@ RHEL6 ~]# clear   //清除屏幕内容

2. history——查看执行过的命令

history 命令用于显示用户最近执行过的命令,通过该命令用户可以清楚地看到自己之前执行的操作。值得注意的是,该命令只能在 BASH 中使用。

history 命令会列出所有使用过的命令并加以编号,这些信息会被存储在用户主目录的.bash_history 文件中,这个文件默认可以存储 1000 条数据记录。为了查看多条使用过的命令,可以在 history 后加上参数来实现。

例如:

[root@ RHEL6 ~]# history 10   //显示最近使用的 10 条命令

显示结果如图 3-26 所示。

```
[ root@RHEL6 ~]# history 10
  125  cat zcat
  126  cat cut
  127  cat zcat
  128  cd ~
  129  top
  130  date
  131  cal
  132  clock
  133  history
  134  history 10
```

图 3-26   查看最近使用的 10 条命令

3.5 VI 文本编辑器

3.5.1 VI 文本编辑器概述

VI 编辑器是 Linux 中最基本的文本编辑器,它工作在字符模式下。VI 可以执行输出、删除、查找、替换、块操作等众多文本操作,而且用户可以根据自己的需要对其进行定制,这是其他编辑程序所没有的优势。

3.5.2 VI 的工作模式

VI 有三种模式,分别是命令模式、插入模式和末行模式。各模式的功能区分如下。
（1）命令模式。
控制屏幕光标的移动,进行字符、字或行的删除,移动复制某区段及进入插入模式,或者到末行模式。
（2）插入模式。
只有在插入模式下才可以进行文字输入,按 Esc 键可回到命令模式。
（3）末行模式。
将文件保存或退出 VI 也可以设置编辑环境,如寻找字符串、列出行号等。不过一般在使用时将 VI 简化成两个模式,即将末行模式也算入命令模式。

3.5.3 VI 的操作与应用

VI 的操作步骤如下。

（1）进入 VI。在系统提示符号后输入 vi 及文件名称后，就进入 VI 全屏幕编辑画面。例如：

[root@ RHEL6 ~]# vi

（2）在命令模式下编辑 VI。VI 编辑器处于命令模式时，是无法编辑文本的，只能输入命令。界面如图 3-27 所示。

图 3-27　VI 界面

VI 常用的光标移动命令如表 3-1 所示，常用的查找与替换命令如表 3-2 所示，常用的文本编辑命令如表 3-3 所示。

表 3-1　常用的光标移动命令

命令	用途
←	光标左移
↑	光标上移
→	光标右移
↓	光标下移
0	光标移到这一行的最前面
$	光标移到这一行的最后面
H	光标移到屏幕上第一行的开始处
G	光标移到文件最后一行的开始处
nG	光标移到文件第 n 行的开始处
gg	光标移到文件第一行的开始处

表 3-2　常用的查找与替换命令

命令	用途
/word	从光标位置开始向下查找名为 word 的字符串
?word	从光标位置开始向上查找名为 word 的字符串
n	英文按键，表示"重复前一个操作"
N	英文按键，表示"反向重复前一个操作"
:n1 n2s/word1/word2/g	在 n1 行和 n2 行之间寻找字符串 word1，并将其替换为字符串 word2

表 3-3　常用的文本编辑命令

命令	用途
x，X	x 为向后删除一个字符，X 为向前删除一个字符
dd	删除光标所在行
nx	连续向后删除 n 个字符
yy	复制光标所在行
P，p	P 为将已复制的数据粘贴到光标的下一行，p 为将已复制的数据粘贴到光标的上一行
u	复原前一个动作
c	重复删除多个数据
Ctrl+R	复原上一个操作

（3）在插入模式下编辑 VI。插入模式命令如表 3-4 所示。

表 3-4　插入模式命令

命令	用途
i	从光标所在位置前开始插入文本
I	将光标移到当前行的行首，然后插入文本
a	在光标所在位置后追加新文本
A	将光标移到所在行的行尾，并插入新文本
o	在光标所在行的下方新开一行，并将光标置于行首
O	在光标所在行的上方新开一行，并将光标置于行首
Esc	退出编辑模式
:w	将编辑的数据写入硬盘
:w!	若文件属性为只读，则强制写入该文件
:q	退出 VI 编辑器
:q!	强制退出而不保存
:wq	保存后退出
:e!	将文件复原到最初的状态
ZZ	若文件未修改，则不保存退出；若文件已修改，则保存后退出
:w filename	数据另存为文件名为 filename 的文件
:r filename	读入文件名为 filename 的文件，并将数据加到当前光标所在行的后面
:set nu	显示行号

（4）VI 命令综合应用实例。

① 在终端界面中输入命令：[root@ RHEL6 桌面]# vi text.c 进入到 VI 编辑器中，其中 text.c 为创建的文件名称。

② 进入如图 3-28 所示的界面。

③ 按 A 键，进入编辑模式。

④ 输入内容，如图 3-29 所示。

⑤ 输入完成后按 Esc 键，并连续按两次组合键 Shift+Z，即可保存并退出。最终在桌面显示如图 3-30 所示的文档，在桌面左下方可看见的文档 text.c 即为刚才用 VI 编辑过的文档。

65

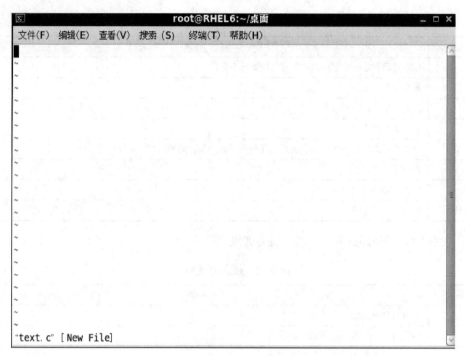

图 3-28　VI 界面

```
#include "stdio.h"
main()
{
print("this is a progess\n")
}
~
~
```

图 3-29　编辑内容

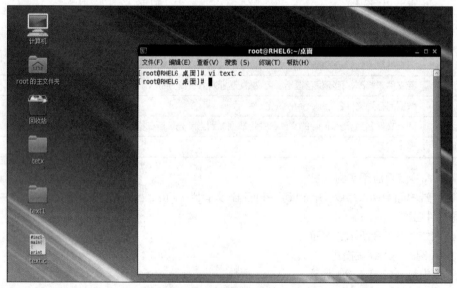

图 3-30　保存并退出 VI

⑥ 要再次编辑该文档，输入命令 vi text.c 即可进入如图 3-31 所示的界面。

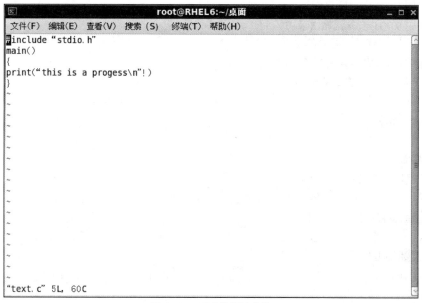

图 3-31　再次编辑该文档

3.6　小结

（1）Shell 是 Linux 系统的用户界面，提供了用户与内核进行交互操作的一种接口，它是命令语言、命令解释程序及程序设计语言的统称，它接收用户输入的命令并把它送入内核去执行。当用户向 Shell 发出各种命令时，内核（Kernel）会接收命令并做出相应的反应。Shell 命令由命令名、选项和参数三部分组成。

（2）在 Shell 中可以实现 Linux 操作系统的各种功能，如目录和文件的创建及删除。常见的基本命令有 su、exit、shutdown、man、clear、date、uname、du、cal、history 等。常见的目录及文件命令有 mkdir、rmdir、cd、mv、ls、touch、cp、rm、cat、grep、more、less 等。

（3）VI 编辑器是 Linux 中最基本的文本编辑器，它工作在字符模式下。VI 可以执行输出、删除、查找、替换、块操作等众多文本操作。

3.7　实训　Linux 常用 Shell 命令综合实训

1. 实训目的

（1）掌握 Linux 中的基本命令。
（2）掌握 Linux 中目录与文件的使用命令。
（3）掌握 Linux 中 VI 的使用命令。

2. 实训内容

（1）登录 Linux，启动 Shell。
（2）使用 cd /切换到根目录中并显示。
（3）使用 mkdir 命令创建目录并显示。
（4）使用 touch 命令创建文件并显示。

（5）使用 cat 命令显示文件的内容。

（6）使用 rm 命令删除文件。

（7）使用 rmdir 命令删除目录。

（8）使用 ls -l 查看目录中的文件。

（9）使用 date 命令查看当前日期。

（10）使用 VI 进行文本的编辑并保存。

3.8 习题

1. 选择题

（1）切换用户账号的命令是（　　）。

    A. su   B. root   C. rm   D. ls

（2）创建文件的命令是（　　）。

    A. rm   B. touch   C. rmdir   D. mkdir

（3）创建目录的命令是（　　）。

    A. rm   B. touch   C. rmdir   D. mkdir

（4）切换工作目录的命令是（　　）。

    A. cd   B. cp   C. cat   D. cal

（5）列出目录内容的命令是（　　）。

    A. ls   B. la   C. cal   D. cat

（6）移动文件的命令是（　　）。

    A. mv   B. ls   C. cp   D. del

（7）显示系统进程占用资源的命令是（　　）。

    A. top   B. cal   C. man   D. help

（8）shutdown 命令的含义是（　　）。

    A. 开机   B. 重启或关闭系统   C. 注销   D. 黑屏

（9）普通用户登录 Linux 的提示符号是（　　）。

    A. $ B. @   C. #   D. 2.%

（10）pwd 命令的功能是（　　）。

    A. 设置用户口令   B. 创建用户   C. 设置密码   D. 显示目录的路径

2. 简答题

（1）简述 Shell 的特点。

（2）简述 more 命令和 less 命令的异同。

（3）简述 VI 的使用方法。

第4章

管理用户和用户组

04

【本章导读】

本章先介绍了用户的基本概念、用户的分类，然后介绍了用户组的基本概念、用户组的分类。接着，本章对使用命令方式管理用户和用户组，以及使用图形化界面方式管理用户和用户组进行了详细的讲解。本章最后介绍了用户名、用户口令、用户组名以及用户组口令相关的文件。只有用普遍联系的、全面系统的、发展变化的观点观察事物，才能深入理解用户与用户组管理的各种概念与关系。

【本章要点】

① 用户和用户组的基本概念
② 使用命令方式管理用户和用户组
③ 使用图形化界面方式管理用户和用户组
④ 用户名相关文件介绍

⑤ 用户口令相关文件介绍
⑥ 用户组名相关文件介绍
⑦ 用户组口令相关文件介绍

4.1 用户及用户组简介

4.1.1 用户的基本概念

Linux 系统是一个多用户、多任务的网络操作系统，允许多个用户同时登录使用这个操作系统。用户登录系统时，系统验证用户名及密码是否匹配来决定是否允许登录和使用系统。每个用户在系统中应该彼此独立、互不影响。每个用户在系统中被授予不同访问权限，可以访问不同的资源。Red Hat Enterprise Linux 系统支持使用命令方式和图形化界面方式管理用户及用户组。

1. Linux 用户的分类

Linux 系统把用户分成 3 种类型：超级用户、普通用户和特殊用户。

在默认安装的情况下，Linux 系统中有一个超级用户，也叫根用户，其名字为 root。根用户类似于 Windows 系统中的系统管理员账号 Administrator。Linux 系统的根用户被赋予系统中的最高权限，可以在系统中进行任何操作，比如添加/删除硬件设备、添加/删除应用程序、添加/删除用户等。因此，一般情况下，不要使用根用户登录系统，其目的就是避免出现错误的操作，导致系统崩溃。在安装 Linux 系统时会让用户设置 root 用户的初始密码，一般应让密码足够复杂，以避免密码被猜测或破解，从而影响系统的安全。root 用户登录系统后的提示符为 "#"。

普通用户由根用户创建和管理，允许本地或通过网络登录访问系统。系统在创建普通用户时，默认为其分配一个主目录。普通用户默认只能访问自己的主目录，不能访问其他用户的主目录。普通用户登录系统后的提示符为"$"。

Linux 系统中应用程序的运行以及资源的访问都要由相应的用户及相应的权限来进行。系统在安装 FTP、mail 等服务时，会创建一些用户来运行及管理这些应用程序。这些用户一般不能进行本地及远程登录访问，只允许程序运行完成特定的任务。这些用户称为特殊用户，也叫伪用户、虚拟用户。

2. Linux 用户的常见属性
（1）用户名。

用户登录时，用于系统识别使用的名称。其由字母、数字和下划线组成，在整个系统中具有唯一性，也称为用户账号。用户名不得使用"*"""";"等非法的字符。

（2）用户口令。

用户登录系统时用于验证用户名的字符串，应该设置得足够复杂。

（3）用户 ID。

在 Linux 系统中，每一个用户不但具有唯一的名称，还具有唯一的整数值，也就是用户 ID 或 UID。root 用户的 ID 值为 0。特殊用户的 ID 默认取值范围为 1~499。超级用户创建的普通用户 ID 值从 500 开始递增。第一个普通用户为 500，第二个普通用户为 501，以此类推。

（4）用户组 ID。

在 Linux 系统中，每一个用户组不但具有唯一的用户组名，还具有唯一的整数值，也就是用户组 ID 或 GID。

（5）用户主目录。

Linux 系统为普通用户默认分配一个主目录。根用户 root 的主目录是/root，普通用户的主目录默认为/home/用户名。如普通用户 student1 的主目录默认为/home/student1。

（6）备注。

备注也被称为用户全名、全称、注释信息，是用户账号的附加信息，可为空。

（7）登录 Shell。

用户登录系统后使用的 Shell 环境。对于超级用户 root 和普通用户，其 Shell 环境一般为/bin/bash。对于系统用户，其 Shell 环境一般为/sbin/nologin，表示该用户不能登录。

4.1.2　用户组的基本概念

在 Linux 系统中，根据系统规模大小，可能有为数众多的用户。Linux 系统为了简化对用户的管理，将用户划分到不同的用户组中，使用用户组来管理用户。在设置用户组特性的时候，特性会自动应用到用户组的每一个用户中，即每个用户具有所属用户组的相同特性。

1. 用户组的分类
Linux 系统把用户组分成系统组和普通组两种类型。

系统组是安装 Linux 和部分系统应用程序时系统自动创建的组，其用户组 ID 值为 0~499。Linux 系统默认的 root 系统组，其用户组 ID 值为 0。

普通组是超级用户创建的组，也可称为私人组群，其用户组 ID 值从 500 开始递增。

Linux 中的用户可以划分到不同的用户组中，相应的用户也就拥有不同用户组的特性。这些不同的用户组中有一个叫主群组，其余的叫附加群组。一个用户只有一个主群组。

2. 用户组的常见属性
Linux 中的所有用户组具有以下 4 个常见属性。

（1）用户组名。

用户组的名称由字母、数字和下划线组成，在整个系统中具有唯一性，用户组名不得使用"*"""

";"等非法的字符。

（2）用户组 ID。

超级用户组 root 的 ID 值为 0，系统组的 ID 值为 1～499。系统新建的普通组的 ID 值从 500 开始递增。第一个普通组为 500，第二个普通组为 501，以此类推。

（3）用户组密码。

需要单独进行设置。

（4）用户列表。

用户组的所有用户。

4.2 使用命令方式管理用户及用户组

4.2.1 使用命令管理用户

Linux 提供了命令和图形化界面两种方式来管理用户。Linux 用户的管理主要包括创建用户、删除用户、设置与修改用户密码等操作。

1. 创建用户

基本功能：在系统中创建普通用户，这个过程只能由 root 用户来完成。语法格式如下。

useradd [选项] <用户名>

常用选项如下。

-c comment：用户的注释信息，也称为备注、用户全称等，默认无。

-g group：设置用户所属的主群组，也称主要组、主组群等，默认为与用户名同名的用户组。

-G group：设置用户所属的附加群组，也称附加组、附加组群等，默认无。

-d home：设置用户的主目录，默认为/home/用户名。

-s shell：设置用户登录 Shell 环境，默认为/bin/bash。

-u UID：设置用户的 ID 值，默认为自动设置。

-e expire：设置账号的过期日期，默认为空，格式为 YYYY-MM-DD。

-f inactive：设置密码过期多少天后禁用该用户，默认为空。

备注："选项"是可选项，创建用户时没有选项，将按照默认参数创建用户。

【例 4-1】不使用任何选项创建一个名为 userA 的用户。

[root#RHEL6 ~]useradd userA

在执行本命令时，按照创建用户的默认值进行设置，其主目录为/home/userA，用户的登录 Shell 环境为/bin/bash，用户密码未设置。若该命令没有设置用户的主群组，则自动创建一个和该用户名同名的用户组 userA。用户 userA 的主群组即为用户组 userA。

【例 4-2】创建用户 userB，账号的有效期为 2020 年 1 月 1 日，到期后还能使用 1 天。

[root#RHEL6 ~]useradd -e 2020-01-01 -f 1 userB

日期格式也可以写成 2020-1-1。

【例 4-3】创建用户 userD，其用户所属主群组为 group1，附加群组为 group2。

[root#RHEL6 ~]useradd -g group1 -G group2 userD

在执行本命令时，首先要保证用户组 group1 和 group2 存在。

2. 删除用户

基本功能：在系统中删除用户，这个过程只能由 root 用户来完成。语法格式如下。

userdel ［选项］ ＜用户名＞

常用选项：

-r：在删除用户时将用户的主目录同时删除。

【例4-4】删除用户 userD，但保留其主目录。

[root#RHEL6 ～]userdel userD

【例4-5】删除用户 userC，同时删除其主目录。

[root#RHEL6 ～]userdel –r userC

3. 密码设置与修改

基本功能：在系统中设置和修改用户的密码。语法格式如下。

passwd ［选项］ ［用户名］

常用选项如下。

-l name：锁定系统中的普通账户，使其不能登录。

-u name：解锁系统中被锁定的普通账户，恢复其登录功能。

-x days：最长密码使用时间（天）。

-n days：最短密码使用时间（天）。

-d：删除用户的密码。

备注：passwd 不带选项和用户名即为修改当前登录用户名的密码。root 用户可以修改所有用户的密码，普通用户只能修改自己账号的密码。root 用户不需要用户的原始密码就能修改密码，普通用户修改密码会先询问原始密码，验证后才能修改密码。

【例4-6】当前用户为 root，设置用户 userA 的密码为 Cqepc255;。

[root@RHEL6 ～]# passwd　userA
更改用户 userA 的密码
新的密码：
重新输入新的密码：
passwd：所有的身份验证令牌已经成功更新

在"新的密码："和"重新输入新的密码："后输入"Cqepc255;"，然后按 Enter 键。屏幕上不显示输入的密码字符。如果 root 用户设置密码时输入的密码过于简单，屏幕上会出现"无效的密码：过于简单化/系统化"的提示，但仍可修改密码。普通用户在修改自己的密码时，设置的密码必须是一个复杂的密码（一般来说，密码包含大写字母、小写字母、数字和字符，长度不少于 6 位）。

【例4-7】锁定用户 userA，使其不能登录系统。

[root@RHEL6 ～]# passwd -l userA
锁定用户 userA 的密码
passwd：操作成功

执行该命令后，用户 userA 将不能登录系统。

【例4-8】用户 userA 已经被锁定，试解锁该用户，恢复其登录系统功能。

[root@RHEL6 ～]# passwd　-u　userA
解锁用户 userA 的密码
passwd：操作成功

执行该命令后，用户 userA 能登录系统。

【例4-9】设置用户 userA，使其密码最长使用时间是 60 天。

[root@RHEL6 ～]# passwd –x 60 userA

调整用户密码老化数据 userA
passwd: 操作成功

用户 userA 最多在 60 天后必须修改密码。

4. 用户属性修改

基本功能：在系统中修改用户的属性，如备注、用户 ID、主目录、用户组、密码等。语法格式如下。

usermod 　[选项] 　<用户名>

常用选项如下。

-c comment：修改用户的注释信息。

-g group：修改用户所属的主群组。

-G group：修改用户所属的附加群组，多个群组以"，"分隔。

-l name：修改用户账户名称。

-L：锁定用户，使其不能登录。

-U：解除对用户的锁定。

-u UID：修改用户的 ID 值。

-d home：修改用户的主目录。

-p passwd：修改用户密码。

【例 4-10】锁定用户 userA，使其不能登录系统。

[root#RHEL6 ～]usermod –L userA

本命令与命令 passwd -l userA 的功能相同。

【例 4-11】用户 userA 已被锁定，试解锁用户 userA。

[root#RHEL6 ～]usermod –U userA

本命令与命令 passwd -u userA 的功能相同。

【例 4-12】修改用户 userA 的主群组为 group1，附加群组为 group2 和 group3。

[root@RHEL6 ~]# usermod 　-g 　group1 　-G 　group2,group3 　userA

附加群组 group2 和 group3 之间用"，"分隔。

5. 显示当前登录用户

基本功能：在系统中显示当前登录用户。语法格式如下。

whoami

【例 4-13】显示当前登录用户。

[root#RHEL6 ～]whoami

值得注意的是，命令 whoami 字符间没有空格。

6. 显示用户信息

基本功能：在系统中显示当前登录用户或指定用户的 ID、主群组名及其 ID、附加群组名及其 ID。
语法格式如下。

id 　[选项] 　[用户名]

常用选项如下。

-u：显示用户的 ID。

-g：显示用户的主群组的 ID。

-G：显示用户的附加群组的 ID。

备注：选项和用户名都是可选项。本命令不带选项可以同时显示用户名及其 ID、主群组名及其 ID、
附加群组名及其 ID。不带用户名，即默认显示当前登录用户的信息。root 用户可以显示其他用户的信

息，普通用户只能显示自己的账号信息。

【例 4-14】显示用户 userA 的 ID，所属的主群组及附加群组信息。

```
[root@RHEL6 ~]# id  userA
uid=500(userA) gid=506(group1) 组=506(group1),505(group2),508(group3)
```

根据该用户具体所属的主群组及附加群组，显示结果可能不一样。其中"gid=506(group1)"表示用户 userA 的主群组 ID 为 506，主群组名为 group1。"组=506(group1),505(group2), 508(group3)"表示用户 userA 所属的主群组 ID 为 506，主群组名为 group1，第 1 个附加群组 ID 为 505，附加群组名为 group2，第 2 个附加群组 ID 为 508，附加群组名为 group3。

【例 4-15】显示用户 userA 的主群组 ID 和附加群组 ID。

```
[root@RHEL6 ~]# id -G userA
506 505 508
```

"506 505 508"表示用户 userA 的主群组 ID 为 506，附加群组 ID 为 505 和 508。

4.2.2 使用命令管理用户组

Linux 用户组的管理主要包括用户组的创建、用户组的删除、用户组属性的修改、用户组成员的添加和删除等操作。Linux 系统提供了命令方式和图形化界面方式管理用户组。

1. 创建用户组
基本功能：在系统中创建普通用户组或系统用户组。语法格式如下。

```
groupadd [选项] <用户组名>
```

常用选项如下。

-g gid：用户组 ID。

-r：建立系统组。

【例 4-16】创建普通用户组 group1。

```
[root#RHEL6 ~]groupadd group1
```

系统自动设置用户 ID 值，其 ID 值大于 499。

【例 4-17】创建普通用户组 group2，其 ID 值为 1000。

```
[root#RHEL6 ~]groupadd -g 1000 group2
```

要保证系统中没有用户组 ID 为 1000 的用户组，本例才能成功执行。

【例 4-18】创建系统用户组 sysA。

```
[root#RHEL6 ~]groupadd -r sysA
```

系统自动设置用户组 ID 值，其 ID 值小于 500。

2. 删除用户组
基本功能：在系统中删除用户组。语法格式如下。

```
groupdel   <用户组名>
```

备注：要保证用户组内无用户，才能成功删除用户组。

【例 4-19】删除用户组 group2。

```
[root#RHEL6 ~] groupdel group2
```

需要先删除用户组 group2 中的用户，该命令才能成功执行。

3. 修改用户组的属性
基本功能：在系统中修改用户组的属性，如用户组 ID 值、用户组的名称等。语法格式如下。

```
groupmod [选项] <用户组名>
```

常用选项如下。

-g gid：修改用户组的 ID 值。

-n name：修改用户组的名称。

【例 4-20】修改用户组 group1 的 ID 值为 1001。

[root#RHEL6 ~] groupmod –g 1001 group1

要保证系统中没有用户组 ID 为 1001 的用户组，本命令才能成功执行。

4．用户组成员的添加/删除

基本功能：在系统中添加/删除用户组成员。语法格式如下。

gpasswd　[选项]　<用户组名>

常用选项如下。

-a name：向用户组中添加用户。

-d name：从用户组中删除用户。

【例 4-21】向用户组 group1 中添加用户 userA。

[root@RHEL6 ~]# gpasswd –a userA group1
正在将用户 userA 加入到 group1 组中

需要保证用户、用户组存在，该命令才能成功执行。

【例 4-22】从用户组 group1 中删除用户 userA。

[root@RHEL6 ~]# gpasswd –d userA group1
正在将用户 userA 从 group1 组中删除

该命令仅将用户 userA 从用户组中删除，并没有将用户从系统中删除。

5．用户组查询

基本功能：在系统中查询用户所属的用户组。语法格式如下。

groups [用户名]

备注：不带用户名则查询当前用户所属的群组。root 用户可查询其他用户所属的群组，普通用户也能查询其他用户所属的群组。

【例 4-23】查询用户 userA 所属的主群组和附加群组。

[root@RHEL6 ~]# groups　userA
userA：group1　group2　group3

不同系统由于实际情况不同，显示结果可能有所差别。本例中显示信息"userA：group1　group2 group3"表示用户 userA 的主群组为 group1，附加群组为 group2 和 group3。

4.3　使用图形化界面管理用户及用户组

4.3.1　使用图形化界面管理用户

使用图形化界面方式管理用户和用户组简单、方便和直观。

1．查看用户

选择系统菜单"系统"→"管理"→"用户和组群"命令，弹出"用户管理者"窗口，如图 4-1 所示。只有 root 用户具备打开这个窗口的权限，可进行用户和用户组的图形化管理。该窗口有 2 个选项卡，默认显示"用户"选项卡。在"用户"选项卡中可显示用户列表及其概要信息。在"组群"选项卡中可显示用户组列表及其概要信息。

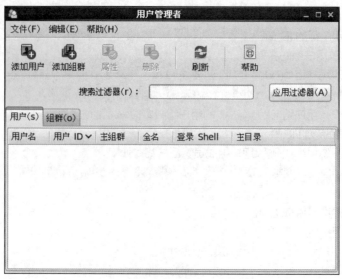

图 4-1　"用户管理者"窗口

　　"用户管理者"窗口的用户列表和组群列表默认不显示系统用户和系统用户组。如果需要显示系统用户和系统用户组，选择菜单栏中"编辑"→"首选项"命令，即弹出"首选项"对话框，去掉对"隐藏系统用户和组"复选框的勾选，然后单击"关闭"按钮，如图 4-2 所示。

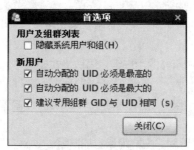

图 4-2　设置显示系统用户和组

2. 创建用户

　　打开"用户管理者"窗口，然后选择菜单栏中"文件"→"添加用户"命令，或单击工具栏中"添加用户"按钮图标，打开"添加新用户"窗口，如图 4-3 所示。

　　在这个窗口中提供了多项设置供创建用户时使用，对应使用命令创建用户时的多个选项。在这个窗口中，多项设置有默认值，登录 Shell 有一个默认值/bin/bash，"创建主目录"复选框也默认被选中，默认值为/home/，"为该用户创建私人组群"复选框也被选中，默认将创建同用户名同名的用户组，且这个用户组是用户的主群组。如果"手动指定用户 ID"复选框没有被选中，表明系统自动指定用户 ID，此处为 500。如果"手动指定组群 ID"复选框没有被选中，表明系统自动指定用户组 ID，此处为503。

　　【例 4-24】创建用户 student1 和 student2，并设置密码均为 Cqepc255;。

　　打开如图 4-3 所示的"添加新用户"窗口，在"用户名"文本框中输入"student1"，在"密码"和"确认密码"文本框中分别输入"Cqepc255";，其他选项设为默认值，然后单击"确定"按钮。依此方法继续创建用户 student2。在如图 4-4 所示的"用户管理者"窗口的"用户"选项卡中，将显示已经创建完成的用户结果。

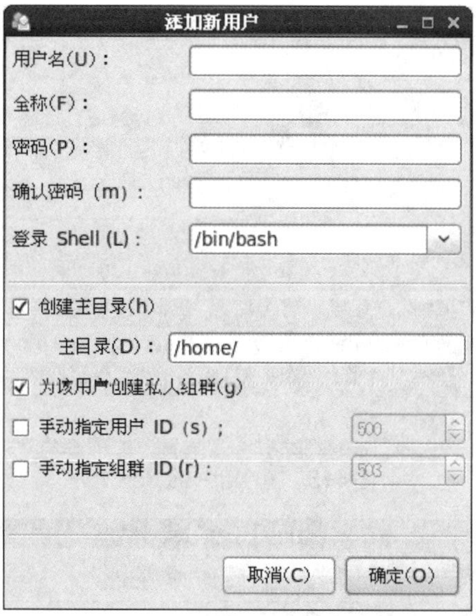

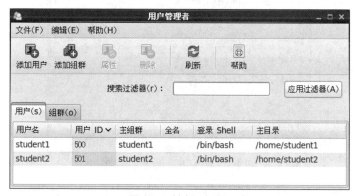

图 4-3 "添加新用户"窗口

图 4-4 创建用户结果

在显示的信息中，用户 student1 的 ID 为 500，主组群为 student1，登录 Shell 为/bin/bash，主目录为/home/student1。用户 student2 的 ID 为 501，主组群为 student2，登录 Shell 为/bin/bash，主目录为/home/student2。

3. 删除用户

在"用户管理者"窗口中，选中要删除的用户，工具栏中的"删除"按钮图标将变为可用。

【例 4-25】删除例 4-24 中创建的用户 student2，同时将其主目录删除。

打开"用户管理者"窗口，在"用户"选项卡的用户列表中，选中用户 student2 所在行，然后单击工具栏中的"删除"按钮图标，如图 4-5 所示。这时将弹出对话框，询问是否删除该用户的主目录，单击"是"按钮，即可完成删除用户 student2 的操作。

4. 修改用户属性

用户属性修改包括对用户名、全称、密码、用户主目录及账号过期日期等属性的修改。

【例 4-26】修改用户 student1 的全称为 good student。

在"用户管理者"窗口"用户"选项卡的用户列表中，选中用户 student1 所在行，单击"属性"按钮图标，弹出"用户属性"窗口。在"用户数据"选项卡的"全称"文本框中输入"good student"，单击"确定"按钮，如图 4-6 所示。

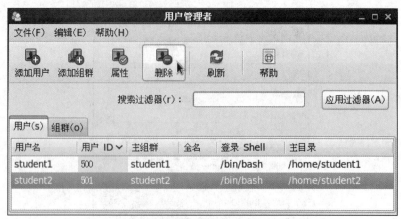

图 4-5　删除用户 student1

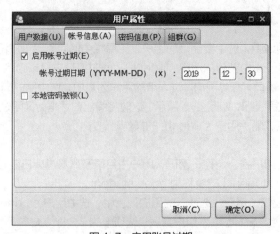

图 4-6　修改用户 student1 属性

【例 4-27】修改用户 student1 属性，设置账号过期日期为 2019-12-30。

在"用户管理者"窗口"用户"选项卡的用户列表中，选中用户 student1 所在行，单击"属性"按钮图标，弹出"用户属性"窗口。打开"账号信息"选项卡，选中"启用账号过期"复选框，在"账号过期日期"文本框中输入"2019-12-30"，单击"确定"按钮，如图 4-7 所示。

图 4-7　启用账号过期

【例 4-28】修改用户 student1 属性，设置用户下次登录时强制更改密码。

在"用户管理者"窗口"用户"选项卡的用户列表中，选中用户 student1 所在行，单击"属性"按钮图标，弹出"用户属性"窗口。打开"密码信息"选项卡，选中"启用密码过期"和"下次登录强制修改密码"复选框，单击"确定"按钮，如图 4-8 所示。

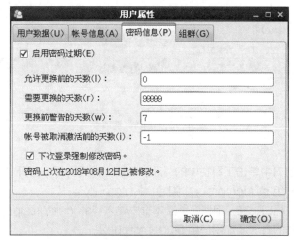

图 4-8　设置下次登录时强制更改密码

【例 4-29】修改用户 student1 属性，将其添加到用户组 group1，并设置其主组群为 group1。

用命令创建用户组 group1，在"用户管理者"窗口"用户"选项卡的用户列表中，选中用户 student1 所在行，单击"属性"按钮图标，弹出"用户属性"窗口。打开"组群"选项卡，选中 group1 复选框，在"主组群"下拉列表框中也选择 group1，如图 4-9 所示。

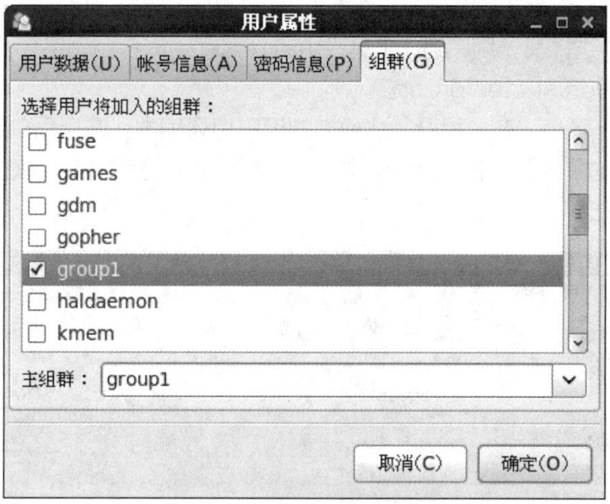

图 4-9　修改用户组群信息

4.3.2　使用图形化界面管理用户组

在"用户管理者"窗口中打开"组群"选项卡，将显示系统中已经创建好的用户组列表及其概要信息，如图 4-10 所示。

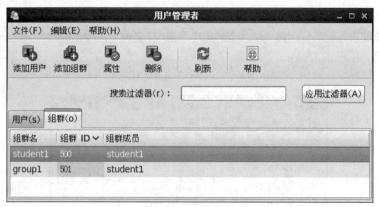

图 4-10 "组群"选项卡

1. 创建用户组

在"用户管理者"窗口中单击工具栏中的"添加组群"按钮图标，打开"添加新组群"窗口。

【例 4-30】创建用户组 studentgroup1 和 studentgroup2。

打开"添加新组群"窗口，在"组群名"文本框中输入"studentgroup1"后单击"确定"按钮，如图 4-11 所示。用同样的方法添加用户组 studentgroup2。

图 4-11 添加 studentgroup1 用户组

2. 删除用户组

在"组群"选项卡中选择某一用户组，工具栏中的"删除"按钮图标将变为可用，可删除该用户组。

【例 4-31】删除用户组 studentgroup2。

打开"用户管理者"窗口，在"组群"选项卡的用户组列表中，选择用户组 studentgroup2 所在行，然后单击工具栏上的"删除"按钮图标，如图 4-12 所示。接下来将弹出窗口，询问是否删除该用户组，单击"是"按钮。

图 4-12 删除用户组

3. 修改用户组属性

修改用户组属性可修改用户组的名称，添加和删除用户组成员。

【例 4-32】向用户组 studentgroup1 中添加用户 student1。

打开"用户管理者"窗口,在"组群"选项卡的用户组列表中选择用户组 studentgroup1 所在行,单击"属性"按钮图标打开"组群属性"窗口,打开"组群用户"选项卡,选中"student1"复选框,单击"确定"按钮,如图 4-13 所示。

4-13 添加用户组成员

4.4 用户及用户组相关文件

4.4.1 用户名文件

在 Linux 系统中,无论是通过命令方式还是通过图形化界面方式创建的用户,最终的用户信息都保存在文件/etc/passwd 中,且以纯文本文件方式保存,默认所有用户都有查看权限。

/etc/passwd 文件中每一行表示一个用户的属性信息。每一行属性信息包含 7 个信息字段,每个信息字段用符号":"进行分隔。

第 1 个字段,表示用户名。本字段非空。

第 2 个字段,表示用户口令,该处始终是字母 x。用户口令已经被加密后保存在了/etc/shadow 文件中。

第 3 个字段,表示用户 ID。

第 4 个字段,表示用户组 ID。

第 5 个字段,表示用户备注信息,可为空。

第 6 个字段,表示用户主目录。

第 7 个字段,表示用户登录 Shell。

【例 4-33】使用命令 useradd testuser1 添加用户,试分析该命令在/etc/passwd 文件中添加的用户信息。

```
[root@RHEL6 ~]#useradd   testuser1
[root@RHEL6 ~]#more  /etc/passwd  |  grep  testuser1
testuser1:x:500:500::/home/testuser1:/bin/bash
```

命令 more /etc/passwd | grep testuser1 可显示保存在/etc/passwd 文件中用户 testuser1 的用户 ID 等属性信息。x 为固定字符,第 1 个 500 表示用户的 ID,第 2 个 500 表示用户组的 ID,"::"表示用户的备注为空,/home/testuser1 表示用户的主目录,/bin/bash 表示用户的登录 Shell。

4.4.2　用户口令文件

在 Linux 系统中，为了提高系统的安全性，加密的用户口令及其他相关属性信息存放在 /etc/shadow 文件中，默认只有 root 用户可以查看该文件。

/etc/shadow 文件和/etc/passwd 文件很相似，分成多行，一行信息对应一个用户。/etc/shadow 文件每行分成 9 个字段，用符号":"进行分隔。

第 1 个字段，表示用户名，同用户名文件中的用户名。本字段非空。

第 2 个字段，表示加密后的口令。如果为"!!"符号，表示新建用户还没有设置口令；如果为空，表示密码被清除掉，不用密码就能登录系统。如果"!"符号或"!!"符号后接很多其他字符，表示该用户被锁定，不能登录系统。

第 3 个字段，表示上次修改密码日期（从 1970-1-1 起到上次修改密码日期的天数）。新建用户是从 1970-1-1 日起到创建用户日期的天数。

第 4 个字段，表示两次修改密码的最小间隔天数。默认值为 0，表示禁用或不限制。

第 5 个字段，表示两次修改密码的最大间隔天数。默认值为 99999，表示禁用或不限制。

第 6 个字段，表示提前多少天提醒用户密码将过期。默认值为 7 天。

第 7 个字段，表示密码过期多少天后禁用该用户。默认值为空。

第 8 个字段，表示用户过期日期（从 1970-1-1 起到过期日期的天数）。默认值为空。

第 9 个字段，保留字段。目前无意义，默认值为空。

【例 4-34】使用命令 useradd　testuser2 添加用户，试分析该命令在/etc/shadow 文件中添加的用户信息。

```
[root@RHEL6 ~]# useradd testuser2
[root@RHEL6 ~]# more /etc/shadow | grep testuser2
testuser2:!!:17755:0:99999:7:::
```

命令 more /etc/shadow | grep testuser2 可显示保存在/etc/shadow 文件中用户 testuser2 的密码等属性信息。"!!"表示创建用户后还没有设置密码。17755 表示从 1970-1-1 起到创建用户时的天数。0 表示用户可随时修改密码。99999 表示不限制用户密码使用天数。7 表示提前 7 天提醒用户密码即将到期。最后连续 3 个":"符号，前两个":"符号之间空白表示没有设置密码过期多少天后禁用该账号，后两个":"符号间空白表示没有设置用户过期日期。

4.4.3　用户组名文件

在 Linux 系统中，无论是通过命令方式还是通过图形化界面方式创建的用户组，最终的用户组信息都保存在文件/etc/group 中，且以纯文本文件方式保存，默认所有用户都能查看。

类似于用户名文件，用户组名文件分成多行信息，每行信息对应一个用户组。每行信息包含 4 个字段，每个字段间用符号":"进行分隔。

第 1 个字段，表示用户组名。本字段非空。

第 2 个字段，表示用户组口令，总是以字母 x 表示。用户组口令被加密后保存在 /etc/gshadow 文件中。

第 3 个字段，表示用户组 ID。

第 4 个字段，表示用户组成员列表，每个用户组成员用符号","分隔。

【例 4-35】首先执行命令 useradd　groupuser1，然后执行命令 groupadd　testgroup1，最后执行命令 gpasswd　–a　groupuser1　testgroup1，试分析在/etc/group 文件中用户组

testgroup1 的相关信息。

```
[root@RHEL6 ~]# useradd   groupuser1
[root@RHEL6 ~]# groupadd   testgroup1
[root@RHEL6 ~]# gpasswd  -a  groupuser1  testgroup1
正在将用户"groupuser1"加入到"testgroup1"组中
[root@RHEL6 ~]# more  /etc/group  |  grep  testgroup1
testgroup1:x:501:groupuser1
```

命令 more /etc/group | grep testgroup1 可显示保存在/etc/group 文件中用户组 testgroup1 的属性信息。显示的信息中最后一行是用户组 testgroup1 的相关信息。x 是固定字符，501 表示用户组 ID，groupuser1 表示该用户组包含的用户。

4.4.4 用户组口令文件

在 Linux 系统中，为了提高系统的安全性，加密的用户组口令及其他相关属性信息存放在 /etc/gshadow 文件中，默认只有 root 用户可查看该文件。

类似于用户组名文件，用户组口令文件分成多行信息，每行信息对应一个用户组口令信息。每行信息包含 4 个字段，每个字段间用符号":"进行分隔。

第 1 个字段，表示用户组名，同/etc/group 文件中的用户组名。

第 2 个字段，表示加密后的用户组口令。

第 3 个字段，表示用户组的管理者，每个管理者间用符号","分隔。

第 4 个字段，表示用户组成员列表，每个用户组成员用符号","分隔。

【例 4-36】试分析例 4-35 在/etc/gshadow 文件中添加的用户组信息。

```
[root@RHEL6 ~]# more /etc/gshadow  |  grep  testgroup1
testgroup1:!::groupuser1
```

命令 more /etc/gshadow | grep testgroup1 可显示保存在/etc/group 文件中用户组 testgroup1 的属性信息。显示的信息中最后一行是用户组 testgroup1 的相关信息。"!"表示没有设置组密码，"::"表示没有设置用户组管理者，groupuser1 表示该用户组包含的用户。

4.5 小结

（1）Linux 是一个多用户、多任务系统，任何用户都必须使用用户名及与之匹配的密码登录系统后才能使用系统。

（2）Linux 中的用户分为超级用户、普通用户和特殊用户，用户组分为系统组和普通组。

（3）root 用户具有系统最高权限，在不执行管理任务时，尽量避免使用 root 用户登录系统，以免对系统造成不可挽回的损失。

（4）用户组可以用来简化对用户的管理，用户组中的用户拥有用户组的全部特性。一个用户至少有一个主群组，一个用户可同时拥有多个附加群组。

（5）使用命令管理用户及用户组简洁、灵活，相关的主要命令有 useradd、userdel、passwd、usermod、groupadd、groupdel、groupmod、gpasswd 等。

（6）使用图形化界面管理用户及用户组直观、方便，利用了系统提供的"用户和组群"实用程序。

（7）使用命令和图形化界面创建的用户，用户名等信息都在/etc/passwd 文件中，用户密码等信息在/etc/shadow 文件中。

（8）使用命令和图形化界面创建的用户组，用户组名等信息都在/etc/group 文件中，用户组密码等信息在/etc/gshadow 文件中。

4.6 实训 管理用户和用户组综合实训

1. 实训目的

（1）掌握用户、用户组的概念及其分类。

（2）掌握使用命令管理用户的方法。

（3）掌握使用命令管理用户组的方法。

（4）掌握使用图形化界面管理用户的方法。

（5）掌握使用图形化界面管理用户组的方法。

（6）掌握用户及用户组相关文件及文件格式。

2. 实训内容

（1）为自己班级的每位同学创建一个账号，设置其用户名和默认密码均为同学名字的拼音。

（2）为自己班级创建一个用户组，将每位同学账号添加到这个用户组。

（3）为自己班级的每位同学账号设置账号过期时间为 2019-12-30。

（4）设置自己班级每位同学账号第 1 次登录系统时强制修改密码。

（5）设置自己班级每位同学账号的最长修改密码时间是 30 天。

（6）解析在用户名文件、用户密码文件中自己班同学的账号信息。

（7）解析在用户组名文件、用户组密码文件中自己班的用户组信息。

（8）锁定/解锁部分同学的账号，验证是否能登录系统。

（9）根用户登录系统，利用 su 切换到部分同学账号，尝试创建文件及目录。

（10）删除班级同学的账号及班级用户组。

4.7 习题

1. 选择题

（1）默认情况下，root 用户的主目录是（   ）。

    A．/root   B．/   C．/home   D．/admin

（2）默认情况下，普通用户主目录在（   ）目录中。

    A．/root   B．/   C．/home   D．/admin

（3）Linux 的用户名信息文件被保存在（   ）文件中。

    A．/etc/passwd   B．/etc/shadow   C．/etc/group   D．/etc/users

（4）Linux 的用户组名信息文件保存在（   ）文件中。

    A．/etc/passwd   B．/etc/shadow   C．/etc/group   D．/etc/users

（5）使用命令 useradd testuser 添加用户，则该用户的主目录是（   ）。

    A．/root/testuser B．/home/testuser C．/testuser   D．/sys/testuser

（6）在创建用户时，使用（   ）选项可改变其主目录位置。

    A．-r   B．-s   C．-d   D．-h

（7）更改用户 user1 为 User1 的命令是（   ）。

    A．usermod -name User1 user1   B．usermod -c User1 user1

    C．usermod -u User1 user1   D．usermod -l User1 user1

（8）更改用户组 oldGroup 为 newGroup 的命令是（　　　）。

    A.　groupmod　-name　oldGroup　newGroup

    B.　groupmod　-n　oldGroup　newGroup

    C.　groupmod　-u　oldGroup　newGroup

    D.　groupmod　-l　oldGroup　newGroup

（9）锁定用户 user1 的命令是（　　　）。

    A.　passwd -l user1　　　　　　　　B.　passwd -U user1

    C.　usermod -l user1　　　　　　　　D.　usermod -u user1

（10）root 用户的 UID 为（　　　）。

    A.　0　　　　　　　　B.　500　　　　　　　C.　501　　　　　　D.　1

2. 填空题

（1）用户名文件是_____，用户密码文件是_____，用户组名文件是_____。

（2）使用最简单的命令创建一个用户 testuser，命令是_____。

（3）使用最简单的命令创建一个用户组 testgroup，命令是_____。

（4）将用户 testuser 添加到用户组 testgroup 的命令是_____。

（5）删除用户 testuser 及其主目录的命令是_____。

3. 判断题

（1）用户密码文件被加密保存在/etc/passwd 文件中。（　　　）

（2）用户组密码文件被加密保存在/etc/group 文件中。（　　　）

（3）使用命令创建用户时不能同时设置密码。（　　　）

（4）当用户组中还有用户时，不能删除用户组。（　　　）

（5）只有 root 用户才有权限管理用户和用户组。（　　　）

4. 简答题

（1）简述用户的分类及其特点。

（2）简述/etc/passwd 各行信息字段的意思。

（3）当一个用户要暂时停止其登录和使用系统时应该采取什么操作？

第5章
文件系统及磁盘管理

【本章导读】

本章首先介绍了 Linux 的文件系统及目录结构，然后介绍了 Linux 文件系统中的属主、属组和其他用户，详细讲解了如何使用命令和图形化界面两种模式设置文件和目录的属主及属组。接下来，本章对文件和目录的访问权限进行了介绍，详细讲解了如何使用命令和图形化界面两种模式设置文件和目录的访问权限。管理磁盘是 Linux 系统管理的一项重要内容，本章详细讲解了如何创建分区、格式化分区、挂载及卸载分区等。最后，本章详细讲解了用户及用户组磁盘配额的设置和测试。

【本章要点】

1. Linux 的文件系统及目录结构
2. Linux 的属主及属组的基本概念
3. Linux 的属主及属组的命令方式设置及图形化界面方式设置
4. Linux 文件和目录的访问权限的基本概念
5. Linux 文件和目录的访问权限的命令方式设置及图形化界面方式设置
6. Linux 中分区的创建、格式化、挂载及卸载操作

///// 5.1 Linux 文件系统简介

5.1.1 Linux 文件系统

1. 文件系统、文件及目录基本概念

文件系统是操作系统中管理和存储文件及目录的组织方式。通过文件系统，可以很容易地存储和检索文件及目录数据。

文件是存储在计算机中的信息集合，包括文字、语音、音频、图片、视频及程序等信息数据。文件一般以磁盘、光盘、磁带等为载体，是计算机操作系统的一个重要概念。计算机操作系统通过文件将信息数据长期保存和使用，是计算机存储信息的基本单位。每一个文件都有一个字符串，称为文件名。计算机操作系统通过文件名来识别该文件。

目录是文件的组织单位，是一个管理文件的文件，也要占用存储空间，也有自己的名字。这个文件中存储了其他文件及目录的一些相关信息。在 Windows 操作系统中，一般称这个文件为"文件夹"，其意义同目录是一样的。

目录中的目录被称为子目录。子目录中可能还包含自己的子目录及文件。

2. Linux 中的文件系统

各种不同的操作系统都有自己的专属文件系统。Windows 操作系统中有 MS-DOS、FAT16、FAT32、NTFS 等文件系统。Linux 中有 ext、swap、proc 及 sysfs 等文件系统。

ext（Extended File System）文件系统是 Linux 系统使用的文件系统，它将设备作为文件来处理。具体来说，该文件系统有 ext2、ext3 及 ext4 版本。ext2 是 Linux 系统中最常用的标准文件系统。ext3 是 ext2 的加强版本，增加了日志功能。ext4 是 ext3 的增强版本，可支持 1EB 的分区及最大 16TB 的文件。RHEL 6.9 默认文件系统是 ext4。

swap 文件系统是专门用于 Linux 的交换分区（swap）的文件系统。在 Linux 的运行中，当物理内存不够时，系统使用 swap 分区来模拟物理内存，将系统一部分物理内存中的数据转存到 swap 分区中，从而解决系统物理内存不够的问题。一般交换分区的大小被设置为物理内存大小的 2 倍。swap 分区及 swap 文件系统是每个 Linux 系统正常运行时必需的分区及文件系统。

proc 文件系统是一种特殊的文件系统，以文件的形式提供系统内核运行数据的操作接口，与系统的/proc 目录对应。proc 文件系统不占用磁盘存储空间，只存在于内存中。

sysfs 文件系统是 Linux 系统 2.6 内核中新出现的文件系统，集成了针对进程信息的 proc 文件系统、针对设备的 devfs 文件系统及针对伪终端的 devpts 文件系统，与/sys 目录对应。

3. Linux 支持的文件系统

Linux 有自己独特的文件系统，但默认支持 Windows 的 FAT16 文件系统、FAT32 文件系统，UNIX 的 SysV 文件系统、NFS 网络文件系统及 CD-ROM 的 ISO9660 文件系统等。

5.1.2　Linux 目录结构

Linux 文件系统采用树状目录结构，最上层是"/"目录，称作根目录。Linux 制定了一套文件目录命名及存放标准的规范，Linux 发行商都要遵循这些规范。在系统安装时，会创建一些默认的目录，如表 5-1 所示为 Linux 根目录及主要默认目录。

表 5-1　Linux 根目录及主要默认目录

目录	说明
/	Linux 系统的最上层目录，所有文件及目录都从这个目录开始，称为根目录
/bin	包含 Linux 系统中必需的基础命令文件
/boot	系统启动时所必需的文件及目录
/dev	系统接口设备文件目录
/etc	系统主要的配置信息文件目录
/home	系统普通用户的主目录
/lib	系统的库文件存放目录
/mnt	系统存储设备的挂载目录
/root	root 用户的主目录
/sbin	系统启动时需要运行的程序目录
/tmp	临时文件目录，系统应经常清理
/usr	系统应用程序存放目录
/var	内容经常变化的文件目录
/opt	第三方应用程序的安装目录
/proc	文件系统 proc 的挂接目录

5.2 管理文件与目录的访问用户

5.2.1 文件与目录的访问用户概述

　　Linux 中的文件和目录都设定了访问用户，各类访问用户具有相应的访问权限，能完成权限范围之内的操作。Linux 把文件和目录的访问用户分为三大类，一是属主，二是属组，三是其他。属主是指系统中能访问该文件或目录的一个用户，也称为拥有者或所有者。属组是指系统中可以访问该文件或目录的一个用户组，也称为群组。属主一般应在属组中。其他是指 Linux 系统中除属主和属组之外的所有用户。

　　文件和目录的访问用户可通过字符界面和图形化界面两种模式来设置。在字符界面模式下，通过 ls 命令来查看访问用户，通过 chown 命令来修改属主和属组，也可通过 chgrp 命令来修改属组。在图形化界面模式下，右键单击文件或目录，在弹出菜单中选择"属性"菜单项，然后在弹出窗口中打开"权限"选项卡，即可查看和设置文件或目录的属主和属组。

5.2.2 使用命令设置文件与目录的访问用户

1. 查看文件和目录的访问用户

　　命令 ls 的"–l"选项可详细查看文件和目录的访问用户。

　　【例 5-1】用命令 ls 的"–l"选项查看目录/boot 的访问用户。

```
[root@RHEL6 ~]# ls      –l      /boot
总用量 30696
-rw-r--r--.   1   root   root    112816 2 月   21 2017 config-2.6.32-696.el6.i686
drwxr-xr-x.   3   root   root     1024 6 月    3 18:12 efi
drwxr-xr-x.   2   root   root     1024 6 月    3 18:15 grub
-rw-------    1   root   root  24881133 7 月   25 11:31 initramfs-2.6.32-696.el6.i686.img
drwx------.   2   root   root    12288 6 月    3 18:07 lost+found
-rw-r--r--.   1   root   root   211993 2 月   21 2017 symvers-2.6.32-696.el6.i686.gz
-rw-r--r--.   1   root   root  2064145 2 月   21 2017 System.map-2.6.32-696.el6.i686
-rwxr-xr-x.   1   root   root  4137632 2 月   21 2017 vmlinuz-2.6.32-696.el6.i686
```

　　显示的信息分为多行，每一行表示一个文件或目录的详细信息，每行又分成多个信息字段。在每一行的第 3 列表示文件的属主，第 4 列表示文件的属组。在本例中，各行表示的文件或目录的属主均为 root、属组均为 root。

2. 修改文件或目录的访问用户

　　默认情况下，登录用户创建的文件或目录的属主就是登录用户，属组就是登录用户的主群组。根用户及属主有权更改属主及属组。修改访问用户就是修改属主及属组。修改属主和属组可用 chown 命令，修改属组还可用 chgrp 命令。

　　（1）chown 命令的使用。

　　基本功能：修改文件或目录的属主和属组。语法格式如下。

```
chown   [选项]   属主[.属组]   <文件名>  ...
```

　　常用选项如下。

　　–c：若该文件确实已经更改，才显示其更改动作的信息。

-R：对目录及目录下的子目录、文件进行递归设置。

-v：输出详细显示信息。

【例 5-2】 修改文件/root/file1.txt 的属主为 userA，修改文件/root/file2.txt 的属组为 group1，修改文件/root/file3.txt 的属主为 userA、属组为 group1。

```
[root@RHEL6 ~]# chown    userA         /root/file1.txt
[root@RHEL6 ~]# chown    .group1       /root/file2.txt
[root@RHEL6 ~]# chown    userA.group1  /root/file3.txt
```

特别值得注意的是，在修改属组时，命令中用户组 group1 前面有一个符号"."。在对文件重新设置属主、属组的时候，首先应保证系统中有相应文件、相应用户及用户组。文件在此处使用的是绝对路径，也可使用相对路径。本例中，若 root 用户当前路径为/root，上述实例中的文件就可以只写文件名。

【例 5-3】 递归修改目录/root/dir1 的属主为 userA，递归修改目录/root/dir2 的属组为 group1，递归修改目录/root/dir3 的属主为 userA、属组为 group1。

```
[root@RHEL6 ~]# chown    -R  userA         /root/dir1
[root@RHEL6 ~]# chown    -R  .group1       /root/dir2
[root@RHEL6 ~]# chown    -R  userA.group1  /root/dir3
```

【例 5-4】 设置文件/root/test1.txt 和/root/test2.txt 的文件属主为 userA、属组为 group1。

```
[root@RHEL6 ~]# chown    userA.group1  /root/test1.txt  /root/test2.txt
```

chown 命令可同时设置多个文件和目录，多个文件和目录间用空格或 Tab 键进行分隔。

（2）chgrp 命令的使用。

基本功能：修改文件和目录的属组。语法格式如下。

```
chgrp  [选项]  属组  <文件名>  …
```

常用选项如下。

-c：若该文件确实已经更改，才显示其更改动作的信息。

-R：对目录及目录下的子目录、文件进行递归设置。

【例 5-5】 修改文件/root/newfile.txt 的属组为 group1。

```
[root@RHEL6 ~]# chgrp  group1  /root/newfile.txt
```

注意，使用 chgrp 命令设置时，在群组 group1 前不需要使用"."。

【例 5-6】 递归修改目录/root/newdir1 的属组为 group1。

```
[root@RHEL6 ~]# chgrp  -R  group1  /root/newdir1
```

递归设置需要-R 选项。

【例 5-7】 递归修改目录/root/newdir2 和/root/newdir3 的属组均为 group2。

```
[root@RHEL6 ~]# chgrp  -R  group2  /root/newdir2  /root/newdir3
```

chgrp 命令可同时设置多个文件和目录的属组，多个文件和目录用空格或 Tab 键进行分隔。

5.2.3 使用图形化界面设置文件与目录的访问用户

【例 5-8】 用图形化界面方式设置/root/hello.txt 文件的属主为 userA、属组为 group1。

在 Nautilus 文件管理器中，右键单击/root/hello.txt 文件，弹出"hello.txt 属性"对话框，单击打开"权限"选项卡，如图 5-1 所示。在图 5-1 中"所有者"表示属主为 root，"群组"表示属组为 root。"执行"后的复选框"允许以程序执行文件"未选中，表示所有用户对文件都不具备可执行权限。

在图 5-1 中，单击"所有者"后的下拉箭头，选择用户 userA 即可设置文件属主为 userA，单击"群组"后的下拉箭头，选择 group1 即可设置文件属组为 group1，如图 5-2 所示。

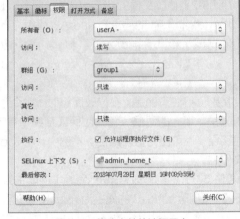

图 5-1 文件的访问用户   图 5-2 修改文件的访问用户

备注：在进行设置的时候，首先要保证系统中有相应的用户及用户组。

5.3 管理文件与目录的访问权限

5.3.1 文件和目录的访问权限概述

在 Linux 中，文件和目录的访问权限是指访问用户对该文件和目录的可读/写及可执行权限。对于文件来说，读权限表示用户可以读取文件内容，写权限表示可以编辑、修改该文件内容，可执行权限表示该文件如果是脚本等可执行文件，可以被用来执行、完成特定任务。对于目录来说，读权限表示可以查看该目录下的文件及目录的名字，写权限表示可以在目录中创建和删除文件、目录，可执行权限表示可以查看该目录中文件及目录的详细信息，如文件或目录的访问权限、属主、属组、文件创建时间和文件大小等信息。目录的可执行权限还可以让用户将目录切换为当前目录。另外，在设置目录权限的时候，可执行权限要求有读权限才有实际作用，写权限要求有可执行权限才有实际作用。

文件和目录访问用户的访问权限，可通过字符界面和图形化界面两种模式来访问和设置。在字符界面模式下，通过 chmod 命令来设置访问权限。在图形化界面模式下，通过右键单击文件，在弹出的菜单中选择"属性"菜单项，然后在弹出窗口中单击打开"权限"选项卡，即可设置访问用户的访问权限。

【例 5-9】查看文件/etc/passwd 访问用户的访问权限。

```
[root@RHEL6 ~]# ls  -l  /etc/passwd
-rw-rw-r--.  1 root  root  1691 7 月  29 18:22  /etc/passwd
```

在显示的信息中，文件的访问权限用 9 个字符来表示，为从左边第 2 个到第 10 个字符。9 个字符从左到右每 3 个字符一组，共分成 3 组。第 1 组表示文件属主的访问权限，第 2 组表示文件属组的访问权限，第 3 组表示其他用户的访问权限。每 3 个字符的第 1 个字符用 r 表示可读的权限，用 "-"表示不具有可读权限。第 2 个字符用 w 表示可写的权限，用 "-"表示不具有可写权限。第 3 个字符用 x 表示有可执行权限，用 "-"表示不具有可执行权限。

在上述例子中，显示文件/etc/passwd 的属主为 root，属组为 root，文件的访问权限字符串为"rw-rw- r--"。属主访问权限为"rw-"，即只有可读/写权限。属组 root 的访问权限为"rw-"，即只有可读/写权限。其他用户的访问权限为"r--"，即只有可读权限。

5.3.2 使用命令设置文件与目录的访问权限

访问权限的命令设置有两种方法，其一是字符设定法，其二是数字设定法。

1. 用字符设定法设置访问用户对文件或目录的访问权限

语法格式如下。

```
chmod  [选项]  <模式>[,模式]  …  <文件>  …
```

常用选项如下。

-c: 若该文件确实已经更改，则显示其更改动作的信息。

-R: 对目录及目录下的子目录、文件进行递归设置。

-v: 显示权限变更的详细资料。

-help: 显示帮助信息。

模式: 用户种类+操作模式+权限组合。

用户种类（可以组合）如下。

u: 表示用户（user），即文件属主。

g: 表示用户组（group），即文件属组。

o: 表示其他用户（others）。

a: 表示所有用户。

操作模式（只能选其一）如下。

+: 表示添加某个权限。

-: 表示取消某个权限。

=: 表示赋予某些权限，同时取消其他权限。

权限组合（可以组合）如下。

r: 表示读取权限。

w: 表示写入权限。

x: 表示可执行权限。

备注: 模式表示属主、属组和其他用户的访问权限。

【例 5-10】增加文件/root/first.sh 的属主可执行权限，增加文件/root/file1.txt 的属组可写权限。

```
[root@RHEL6 ~]# chmod  u+x  /root/first.sh
[root@RHEL6 ~]# chmod  g+w  /root/file1.txt
```

用"u+x"表示属主增加可执行权限，用"g+w"表示属组增加可写权限。

【例 5-11】取消文件/root/file2.txt 其他用户的可读权限。

```
[root@RHEL6 ~]# chmod  o-r  /root/file2.txt
```

用"o-r"表示其他用户取消可读权限。

【例 5-12】赋予文件/root/file3.txt 其他用户的可读/写权限。

```
[root@RHEL6 ~]# chmod  o=rw  /root/file3.txt
```

用"o=rw"表示其他用户无论以前是什么权限，现在仅有可读/写权限。

【例 5-13】递归设置目录/root/dir1 中的所有子目录及文件属主仅有可读/写权限。

```
[root@RHEL6 ~]# chmod  -R u=rw /root/dir1
```

【例 5-14】增加/root/file4.txt 及/root/file5.txt 文件属组及其他用户的可写权限。

```
[root@RHEL6 ~]# chmod g+w,o+rw /root/file4.txt /root/file5.txt
```

chmod 命令允许多个模式以"，"分隔。chmod 命令同时允许设置模式应用于多个文件或目录，此时多个文件或目录以空格或 Tab 键分隔。

2. 用数字设定法设置访问用户对文件或目录的访问权限

在字符设定法中，模式用数字来设定就变成了数字设定法。在数字设定法中，用户权限用 1 个 8 进制数字表示。用户的访问权限按照属主、属组和其他用户的顺序排列就成了用户权限设置的数字设定法中的模式。

数字设定法的具体操作：0 表示没有权限，1 表示可执行权限，2 表示可写权限，4 表示可读权限。每一类用户的权限是读、写和可执行权限的数字之和。

【例 5-15】用数字设定法设定文件/root/student1.txt 仅有属主可读、可写权限。

```
[root@RHEL6 ~]# chmod   600   /root/student1.txt
```

属主权限数字是 4（可读）和 2（可写）相加为 6，属组权限数字为 0，其他用户权限数字为 0，所以权限数字串按照属主、属组和其他用户的排列顺序是 600。

【例 5-16】用数字设定法设定文件/root/test.sh 有属主可读、可写和可执行权限，属组仅有可读权限，其他用户无权限。

```
[root@RHEL6 ~]# chmod   740   /root/test.sh
```

属主权限数字是 4（可读）、2（可写）和 1（可执行）相加为 7，属组权限数字为 4（可读），其他用户权限数字为 0，所以权限数字串按照属主、属组和其他用户的排列顺序是 740。

【例 5-17】用数字设定法递归设定目录/root/testdir 属主和属组有可读、可写和可执行权限。

```
[root@RHEL6 ~]# chmod   -R   770   /root/testdir
```

属主权限数字是 4（可读）、2（可写）和 1（可执行）相加为 7，属组权限数字为 4（可读）、2（可写）和 1（可执行）相加为 7，其他用户权限数字为 0，所以权限数字串按照属主、属组和其他用户的排列顺序是 770。

5.3.3   使用图形化界面设置文件与目录的访问权限

【例 5-18】用图形化界面修改文件/root/test.txt 属组可读、可写，其他用户无权限。

在 Nautilus 文件管理器中，用鼠标右键选择/root/test.txt 文件，弹出"test.txt 属性"对话框，单击打开"权限"选项卡，如图 5-3 所示。其中，所有者的访问权限为"读写"，群组访问权限为"只读"，其他用户的访问权限为"只读"。"执行"后的复选框"允许以程序执行文件"未被选中，表示所有用户对文件都不具备可执行权限。

单击"群组"的"访问"下拉箭头，选择"读写"选项，单击"其它"的"访问"下拉箭头，选择"无"选项，结果如图 5-4 所示。

图 5-3   文件默认访问权限

图 5-4   修改文件访问权限

5.4 管理磁盘分区

5.4.1 创建及删除磁盘分区

硬盘这种磁盘存储设备在使用之前必须划分成一块一块的区域，这些区域叫做磁盘分区，也称为分区。管理磁盘分区就是管理这些区域，包含创建、删除、格式化、挂载及卸载磁盘分区等操作。

1. 分区类型

分区分为 3 种类型：主分区、扩展分区和逻辑分区。

（1）主分区。

主分区也称主磁盘分区，是一种分区类型。主分区中不能再划分其他分区。一块磁盘最多只能划分成 4 个主分区。

（2）扩展分区。

为了在磁盘上划分更多的分区，引入了扩展分区的概念。在扩展分区中，可以划分出更多的分区。在引入了扩展分区后，磁盘的主分区最多只能有 3 个，且扩展分区只能有 1 个。

（3）逻辑分区。

引入扩展分区的目的是要在扩展分区中划分出更多分区，这些分区被称为逻辑分区。

2. 磁盘及分区命名

Linux 系统将设备映射为文件。每个磁盘设备都有一个文件名，磁盘的每个分区也有文件名。常见的磁盘设备有 IDE 硬盘及 SCSI 硬盘。

IDE 硬盘采用类似/dev/hdx 的方式来命名，SCSI 硬盘采用/dev/sdx 来命名。其中 x 表示硬盘盘号，a 表示基本主盘，b 为基本从盘，c 为辅助主盘，d 为辅助从盘。/dev/sda 表示基本主盘。/dev/sdb 表示基本从盘。

IDE 硬盘分区采用类似/dev/hdxy 的方式来命名，SCSI 硬盘采用/dev/sdxy 来命名。其中，x 表示硬盘盘号，y 表示分区号码。对于主分区来说，分区号码为 1～4；对于逻辑分区来说，总是从 5 开始。/dev/sda1 表示基本主盘的第 1 个主分区。/dev/sda5 表示基本主盘的第 1 个逻辑分区。

3. 使用 fdisk 命令分区

fdisk 命令是 Linux 系统中用来管理分区的命令，可执行创建、删除、显示分区等操作。语法格式如下。

fdisk [选项] [磁盘设备文件]

常用选项如下。

−l：显示指定磁盘的基本信息及分区信息，无磁盘设备文件则显示整个系统的磁盘分区信息。

【例 5-19】某 Linux 系统按照第 1 章的安装步骤安装，并用 VMware 添加了 40GB 的虚拟磁盘，试显示 Linux 系统中的磁盘分区信息。

运行 fdisk −l 命令，将显示磁盘的基本信息及分区情况。

```
[root@RHEL6 ~]# fdisk -l

Disk /dev/sda: 21.5 GB, 21474836480 bytes
255 heads, 63 sectors/track, 2610 cylinders
Units = cylinders of 16065 * 512 = 8225280 bytes
Sector size (logical/physical): 512 bytes / 512 bytes
I/O size (minimum/optimal): 512 bytes / 512 bytes
Disk identifier: 0x000ef303
```

```
Device    Boot    Start     End      Blocks      Id     System
/dev/sda1    *       1       64       512000      83     Linux
Partition 1 does not end on cylinder boundary.
/dev/sda2            64      2611     20458496    8e     Linux LVM


Disk /dev/sdb: 42.9 GB, 42949672960 bytes
255 heads, 63 sectors/track, 5221 cylinders
Units = cylinders of 16065 * 512 = 8225280 bytes
Sector size (logical/physical): 512 bytes / 512 bytes
I/O size (minimum/optimal): 512 bytes / 512 bytes
Disk identifier: 0x00000000



Disk /dev/mapper/vg_rhel6-lv_root: 18.8 GB, 18832424960 bytes
255 heads, 63 sectors/track, 2289 cylinders
Units = cylinders of 16065 * 512 = 8225280 bytes
Sector size (logical/physical): 512 bytes / 512 bytes
I/O size (minimum/optimal): 512 bytes / 512 bytes
Disk identifier: 0x00000000


Disk /dev/mapper/vg_rhel6-lv_swap: 2113 MB, 2113929216 bytes
255 heads, 63 sectors/track, 257 cylinders
Units = cylinders of 16065 * 512 = 8225280 bytes
Sector size (logical/physical): 512 bytes / 512 bytes
I/O size (minimum/optimal): 512 bytes / 512 bytes
Disk identifier: 0x00000000
```

在以上显示的信息中，有 2 个磁盘，分别是/dev/sda 和/dev/sdb。

磁盘/dev/sda 容量大小为 20GB，2610 个柱面，有 2 个分区：/dev/sda1 和/dev/sda2。分区
/dev/sda1 的起始柱面是 1，结束柱面是 64。分区/dev/sda2 的起始柱面是 64，结束柱面是 2611。

磁盘/dev/sdb 容量大小为 40GB，5221 个柱面，没有任何分区。

/dev/mapper/vg_rhel6-lv_root 和/dev/mapper/vg_rhel6-lv_swap 是系统的两个逻辑卷，不
是真正的磁盘。

【例 5-20】在例 5-19 基础上，在磁盘/dev/sdb 上创建 3 个主分区和一个扩展分区。第 1 个主分
区 10GB，第 2、第 3 个主分区均为 8GB，余下磁盘空间为扩展分区。

在创建多个主分区及扩展分区时，分区步骤一般是先创建主分区，最后创建扩展分区。

具体操作步骤如下。

（1）执行分区命令。

运行 fdisk /dev/sdb 命令，开始分区。

```
[root@RHEL6 ~]# fdisk /dev/sdb
Device contains neither a valid DOS partition table, nor Sun, SGI or OSF disklabel
```

Building a new DOS disklabel with disk identifier 0x312f5c7c.
Changes will remain in memory only, until you decide to write them.
After that, of course, the previous content won't be recoverable.

Warning: invalid flag 0x0000 of partition table 4 will be corrected by w(rite)

WARNING: DOS-compatible mode is deprecated. It's strongly recommended to
        switch off the mode (command 'c') and change display units to
        sectors (command 'u').

Command (m for help):

（2）查看帮助信息。

此时输入 m 将显示帮助信息，如果对命令特别熟悉也可以跳过此步骤。在这里输入 m，将显示帮助信息。

Command (m for help): m
Command action
    a   toggle a bootable flag
    b   edit bsd disklabel
    c   toggle the dos compatibility flag
    d   delete a partition
    l   list known partition types
    m   print this menu
    n   add a new partition
    o   create a new empty DOS partition table
    p   print the partition table
    q   quit without saving changes
    s   create a new empty Sun disklabel
    t   change a partition's system id
    u   change display/entry units
    v   verify the partition table
    w   write table to disk and exit
    x   extra functionality (experts only)

Command (m for help):

显示各种操作的输入命令字符及说明。其中 n 表示创建分区，d 表示删除分区，p 表示显示分区信息，w 表示保存当前的操作结果并退出分区命令。

（3）创建第 1 个主分区。

输入 n，创建分区。

Command (m for help): n
Command action
    e   extended
    p   primary partition (1-4)

这里要求选择分区类型，e 表示创建扩展分区，p 表示创建主分区。输入 p，创建主分区。

```
p
Partition number (1-4):
```

这里要求输入创建分区的序号。输入 1，创建第 1 个主分区。

```
Partition number (1-4): 1
First cylinder (1-5221, default 1):
```

这里要求输入主分区的起始柱面号，系统默认从 1 开始。直接按 Enter 键，选择默认值 1。

```
Using default value 1
Last cylinder, +cylinders or +size{K,M,G} (1-5221, default 5221):
```

这里要求输入分区的大小，有几种方式进行选择。可以直接输入结束柱面号，也可以输入具体的分区大小，在分区大小后加单位，前面加符号"+"。单位大小有 kB、MB、GB。本例要求分区大小为 10GB，因此输入"+10G"后按 Enter 键，则创建 10GB 的主分区。

```
Last cylinder, +cylinders or +size{K,M,G} (1-5221, default 5221): +10G
Command (m for help):
```

至此，第 1 个主分区创建结束。

（4）创建第 2 个主分区。

输入 n，准备创建第 2 个主分区。

```
Command (m for help): n
Command action
    e    extended
    p    primary partition (1-4)
```

同前述，要求选择分区类型。输入 p，创建主分区。

```
p
Partition number (1-4):
```

要求输入主分区序号，前面已经创建了第 1 个主分区，这里创建第 2 个主分区，输入 2。

```
Partition number (1-4): 2
First cylinder (1307-5221, default 1307):
```

这里要求输入主分区的起始柱面号，分区命令经过计算，以上一个分区结束柱面后的下一个柱面作为新分区的默认起始柱面号，按 Enter 键即可。

```
First cylinder (1307-5221, default 1307):
Using default value 1307
Last cylinder, +cylinders or +size{K,M,G} (1307-5221, default 5221):
```

这里要求输入结束柱面号或分区大小，要求创建的第 2 个主分区为 8GB，这里输入"+8G"。

```
Last cylinder, +cylinders or +size{K,M,G} (1307-5221, default 5221): +8G
Command (m for help):
```

至此，第 2 个主分区创建结束。

（5）创建第 3 个主分区。

输入 n，准备创建第 3 个主分区。

```
Command (m for help): n
Command action
    e    extended
    p    primary partition (1-4)
```

同前述，要求输入分区类型，输入 p，继续创建第 3 个主分区。

p
Partition number (1–4):

要求输入主分区序号，这里创建第 3 个主分区，输入 3。

Partition number (1–4): 3
First cylinder (2352–5221, default 2352):

要求输入分区的起始柱面号，分区命令经过计算，以上一个分区结束柱面号的下一个柱面号作为新分区默认起始柱面号，按 Enter 键即可。

First cylinder (2352–5221, default 2352):
Using default value 2352
Last cylinder, +cylinders or +size{K,M,G} (2352–5221, default 5221):

要求输入结束柱面号或分区大小，第 3 个主分区大小为 8GB，这里输入 "+8G"。

Last cylinder, +cylinders or +size{K,M,G} (2352–5221, default 5221): +8G
Command (m for help):

至此，第 3 个主分区创建结束。

（6）创建扩展分区。

输入 n，准备创建扩展分区。

Command (m for help): n
Command action
   e   extended
   p   primary partition (1–4)

要输入分区类型，输入 e，创建扩展分区。

e
Selected partition 4
First cylinder (3397–5221, default 3397):

由于前面已经创建了 3 个主分区，扩展分区序号只能为 4，所以自动显示选择了第 4 个分区（Selected partition 4）。要求输入扩展分区起始柱面号，按 Enter 键选择默认值。

First cylinder (3397–5221, default 3397):
Using default value 3397
Last cylinder, +cylinders or +size{K,M,G} (3397–5221, default 5221):

输入扩展分区结束柱面号，按 Enter 键选择默认值。在有扩展分区的情况下，磁盘最多只能有 3 个主分区，而现在已经有了 3 个主分区，这里如果不选择结束柱面（默认值），则有部分磁盘空间将不能被系统使用。

Last cylinder, +cylinders or +size{K,M,G} (3397–5221, default 5221):
Using default value 5221

Command (m for help):

至此，扩展分区创建结束。

（7）显示分区信息。

创建结束后，应该检查是否创建出了所需要的分区。输入 p，显示分区信息。

Command (m for help): p

```
Disk /dev/sdb: 42.9 GB, 42949672960 bytes
255 heads, 63 sectors/track, 5221 cylinders
Units = cylinders of 16065 * 512 = 8225280 bytes
Sector size (logical/physical): 512 bytes / 512 bytes
I/O size (minimum/optimal): 512 bytes / 512 bytes
Disk identifier: 0x0003fe17

Device Boot      Start        End      Blocks   Id  System
/dev/sdb1            1       1306    10490413+  83  Linux
/dev/sdb2         1307       2351     8393962+  83  Linux
/dev/sdb3         2352       3396     8393962+  83  Linux
/dev/sdb4         3397       5221    14659312+   5  Extended

Command (m for help):
```

从显示的信息中可以看到有 4 个分区，/dev/sdb1、/dev/sdb2 和/dev/sdb3 的分区 ID 值为 83，即 Linux 分区。/dev/sdb4 的分区 ID 值为 5，即扩展分区。

（8）结束创建分区。

分区创建结束，需要输入 w，分区命令才开始真正执行分区操作，并把分区结果保存到分区表中，然后退出分区命令。

```
Command (m for help): w
The partition table has been altered!

Calling ioctl() to re-read partition table.
Syncing disks.
[root@RHEL6 ~]#
```

至此，3 个主分区和 1 个扩展分区已经创建完成，回到了命令提示符状态。

在分区的过程中，当出现"Command (m for help)："时，可随时输入 p 查看分区信息。

【例 5-21】在例 5-20 的扩展分区中建立 2 个逻辑分区，第 1 个逻辑分区 8GB，扩展分区余下磁盘空间为第 2 个逻辑分区。

具体操作步骤如下。

（1）执行分区命令。

输入命令 fdisk /dev/sdb 开始分区命令。

```
[root@RHEL6 ~]# fdisk   /dev/sdb

WARNING: DOS-compatible mode is deprecated. It's strongly recommended to
         switch off the mode (command 'c') and change display units to
         sectors (command 'u').

Command (m for help):
```

（2）创建第 1 个逻辑分区。

输入 n，开始创建第 1 个逻辑分区。

```
Command (m for help): n
```

First cylinder (3397-5221, default 3397):

要求输入逻辑分区起始柱面号，按 Enter 键，选择逻辑分区的起始默认柱面号。

First cylinder (3397-5221, default 3397):

Using default value 3397

Last cylinder, +cylinders or +size{K,M,G} (3397-5221, default 5221):

要求输入逻辑分区结束柱面或逻辑分区大小。逻辑分区的大小为 8GB，因此输入"+8G"。

Last cylinder, +cylinders or +size{K,M,G} (3397-5221, default 5221): +8G

Command (m for help):

至此，第 1 个逻辑分区创建结束。

（3）创建第 2 个逻辑分区。

输入 n，开始创建第 2 个逻辑分区。

Command (m for help): n

First cylinder (4442-5221, default 4442):

按 Enter 键，选择默认的起始柱面号。

First cylinder (4442-5221, default 4442):

Using default value 4442

Last cylinder, +cylinders or +size{K,M,G} (4442-5221, default 5221):

要求输入结束柱面号，因为扩展分区只创建 2 个逻辑分区，已经创建了 1 个逻辑分区，余下磁盘空间为第 2 个逻辑分区。按 Enter 键，选择默认的结束柱面号。

Last cylinder, +cylinders or +size{K,M,G} (4442-5221, default 5221):

Using default value 5221

Command (m for help):

至此，创建第 2 个逻辑分区结束。

（4）显示分区结果。

Command (m for help): p

Disk /dev/sdb: 42.9 GB, 42949672960 bytes

255 heads, 63 sectors/track, 5221 cylinders

Units = cylinders of 16065 * 512 = 8225280 bytes

Sector size (logical/physical): 512 bytes / 512 bytes

I/O size (minimum/optimal): 512 bytes / 512 bytes

Disk identifier: 0x0003fe17

Device Boot	Start	End	Blocks	Id	System
/dev/sdb1	1	1306	10490413+	83	Linux
/dev/sdb2	1307	2351	8393962+	83	Linux
/dev/sdb3	2352	3396	8393962+	83	Linux
/dev/sdb4	3397	5221	14659312+	5	Extended
/dev/sdb5	3397	4441	8393931	83	Linux
/dev/sdb6	4442	5221	6265318+	83	Linux

```
Command (m for help):
```

在以上显示的信息中，分区/dev/sdb5 和/dev/sdb6 是新建的逻辑分区。

（5）结束创建分区。

```
Command (m for help): w
The partition table has been altered!

Calling ioctl() to re-read partition table.
Syncing disks.
[root@RHEL6 ~]#
```

至此，2 个逻辑分区创建结束，回到系统提示符状态。

例 5-20 和例 5-21 可在对磁盘执行分区命令后同时完成。这里为了降低实例的复杂程度及简化操作步骤，对创建主分区、扩展分区和逻辑分区以 2 个实例进行讲解。

【例 5-22】删除例 5-21 中创建的第 2 个逻辑分区。

具体操作步骤如下。

（1）对指定磁盘/dev/sdb 执行分区命令。

```
[root@RHEL6 ~]# fdisk   /dev/sdb

WARNING: DOS-compatible mode is deprecated. It's strongly recommended to
         switch off the mode (command 'c') and change display units to
         sectors (command 'u').
Command (m for help):
```

（2）输入 d，进入删除分区子命令。

```
Command (m for help): d
Partition number (1-6):
```

（3）输入要删除的分区代码。输入数字 6，则删除第 6 个分区，即第 2 个逻辑分区。

```
Partition number (1-6): 6

Command (m for help):
```

（4）输入 p，显示分区信息。

```
Command (m for help): p

Disk /dev/sdb: 42.9 GB, 42949672960 bytes
255 heads, 63 sectors/track, 5221 cylinders
Units = cylinders of 16065 * 512 = 8225280 bytes
Sector size (logical/physical): 512 bytes / 512 bytes
I/O size (minimum/optimal): 512 bytes / 512 bytes
Disk identifier: 0x0003fe17

Device Boot      Start         End      Blocks   Id  System
/dev/sdb1            1        1306    10490413+  83  Linux
/dev/sdb2         1307        2351     8393962+  83  Linux
```

/dev/sdb3	2352	3396	8393962+	83	Linux
/dev/sdb4	3397	5221	14659312+	5	Extended
/dev/sdb5	3397	4441	8393931	83	Linux

Command (m for help):

在显示的分区信息中，已经没有/dev/sdb6 分区了，说明第 2 个逻辑分区已经被删除了。

（5）输入 w，保存当前分区信息并退出分区命令。

Command (m for help): w
The partition table has been altered!

Calling ioctl() to re-read partition table.
Syncing disks.
[root@RHEL6 ~]#

至此，删除指定的第 2 个逻辑分区结束，回到系统提示符状态。

可以以此类推，删除其他的逻辑分区、扩展分区以及主分区。

4. 使用图形化界面分区

使用图形化界面分区，利用了系统默认安装的"磁盘实用工具"实用程序。

【例 5-23】在没有进行过分区的磁盘/dev/sdb 上用图形化界面创建一个 10GB 的主分区。

具体操作步骤如下。

（1）选择主菜单"应用程序"→"系统工具"→"磁盘实用工具"命令，可打开"磁盘实用工具"窗口。窗口左侧是系统中的磁盘等设备列表，右侧是相应设备的详细信息。在窗口中左侧选择"43GB硬盘"这一项，如图 5-5 所示。在图中右侧的"设备"一项可以看到，这个磁盘的名称是/dev/sdb。

如果这个磁盘已经通过 fdisk 命令进行过创建分区及删除分区操作，"磁盘实用工具"打开的就是如图 5-8 所示的窗口，则可以直接到步骤（3）继续进行分区操作。

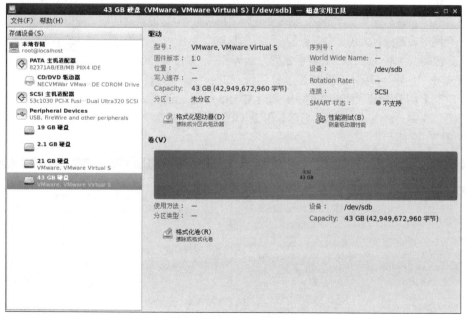

图 5-5　/dev/sdb 磁盘信息

（2）单击"格式化驱动器"文字链接，弹出如图 5-6 所示的格式化方案对话框，单击"格式化"按钮，弹出如图 5-7 所示的确认格式化对话框，单击"格式化"按钮后回到"磁盘实用工具"窗口，如图 5-8 所示。

图 5-6　格式化方案　　　　　　　　　　　　　图 5-7　确认格式化

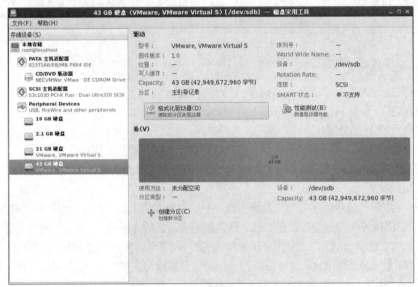

图 5-8　/dev/sdb 磁盘信息

（3）单击"创建分区"文字链接，弹出如图 5-9 所示的分区设置对话框。图形化界面在创建分区的时候，可同时设置分区大小、分区类型（默认分区类型为 Ext4）及卷标名称。这里设置分区大小为 10GB，分区类型为默认的 Ext4，卷标名称为默认名称，如图 5-10 所示。

（4）单击"创建"按钮，回到如图 5-11 所示的显示分区信息窗口。

【例 5-24】用图形化界面删除【例 5-23】中/dev/sdb 上的/dev/sdb1 主分区。

在图 5-11 中，选中/dev/sdb1 分区，单击"删除分区"文字链接，在弹出对话框中单击"删除"按钮，如图 5-12 所示。

图 5-9　默认分区设置　　　　　　　　　　　　图 5-10　修改分区设置

可以以此类推，删除其他的逻辑分区、扩展分区及主分区。

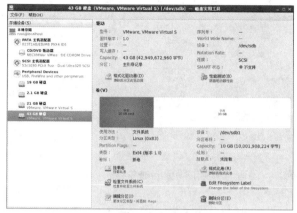

图 5-11 显示分区信息

图 5-12 确认删除分区

5.4.2 格式化磁盘分区

格式化磁盘分区就是在分区上建立文件系统。分区上只有建立了文件系统，才能将信息数据以文件的方式存储到磁盘中，才能以文件的形式查询到存储在磁盘中的信息数据。分区上只有建立了文件系统，才能对文件设置访问用户，才能设置访问用户的访问权限，才能使用目录来管理文件。

1. 使用命令格式化磁盘分区

基本功能：mkfs 命令可以将磁盘分区格式化成不同的文件系统。

语法格式如下。

mkfs　[选项]　<磁盘分区>

常用选项如下。

-t　<文件系统类型>：格式化的文件系统，如 ext2、ext3、ext4 及 vfat 等，RHEL 6.9 默认为 ext4 文件系统。

-c：在建立文件系统之前，检查是否有坏块。

【例 5-25】使用命令格式化/dev/sdb1 分区为 ext4 文件系统。

```
[root@RHEL6 ~]# mkfs -t ext4 /dev/sdb1
mke2fs 1.41.12 (17-May-2010)
文件系统标签=
操作系统:Linux
块大小=4096 (log=2)
分块大小=4096 (log=2)
Stride=0 blocks, Stripe width=0 blocks
610800 inodes, 2441872 blocks
122093 blocks (5.00%) reserved for the super user
第一个数据块=0
Maximum filesystem blocks=2503999488
75 block groups
32768 blocks per group, 32768 fragments per group
8144 inodes per group
```

Superblock backups stored on blocks:
32768, 98304, 163840, 229376, 294912, 819200, 884736, 1605632

正在写入 inode 表: 完成
Creating journal (32768 blocks): 完成
Writing superblocks and filesystem accounting information: 完成

This filesystem will be automatically checked every 33 mounts or
180 days, whichever comes first.   Use tune2fs -c or -i to override.
[root@RHEL6 ~]#

在格式化/dev/sdb1 分区为 ext4 文件系统时，还有一个更加简捷的命令：

[root@RHEL6 ~]# mkfs.ext4   /dev/sdb1

另外还有几个类似的命令，如 mkfs.ext2、mkfs.ext3 和 mkfs.vfat 可以分别将分区格式化为 ext2、ext3 和 FAT 文件系统。

2. 使用图形化界面格式化磁盘分区

当需要对分区进行格式化时，也可通过"磁盘实用工具"这个图形化的实用程序来完成。

【例 5-26】将例 5-25 创建的分区重新格式化成 swap 交换分区。

在图 5-11 中选中需要格式化的分区，单击"格式化卷"文字链接，弹出如图 5-13 所示的分区格式化对话框，在"类型"下拉列表中选择"交换空间"，然后单击"格式化"按钮，如图 5-14 所示。

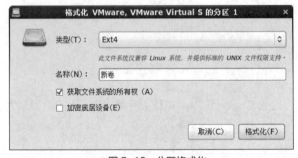 

图 5-13 分区格式化   图 5-14 格式化为 swap 分区

5.4.3 挂载及卸载磁盘分区

磁盘分区格式化后，必须与某一个目录关联才能使用。分区同目录关联的过程叫作挂载，这个关联的目录叫作挂载点或挂载目录。当不使用这个分区时，需要把目录同分区的关联去掉，这个操作叫作卸载。

分区挂载使用 mount 命令来完成，分区卸载使用 umount 命令来完成。

1. 使用命令挂载分区

基本功能：查看分区挂载情况，或将格式化后的分区挂载到目录。语法格式如下。

mount [选项] [磁盘分区] [目录]

常用选项如下。

-a: 加载/etc/fstab 中的所有文件系统。

-r/w: r 表示以只读方式挂载分区，w 表示以读写方式挂载分区，默认值为 w。

-t <文件系统类型>: 文件系统如 ext2、ext3、ext4 及 vfat 等，无此项将自动识别。

备注：如果不带任何选项及参数，则查看磁盘分区挂载情况。

【例 5-27】使用命令将格式化后的分区/dev/sdb1 挂载到目录/sdb1 中。

```
[root@RHEL6 ~]# mount   /dev/sdb1   /mnt/sdb1
```

2. 使用命令卸载分区

基本功能：将磁盘分区卸载，不与目录关联。语法格式如下。

```
umount   [选项]   [挂载目录或磁盘分区]
```

常用选项如下。

-a：卸载/etc/mstab 中的所有文件系统。

-f：强制卸载。

【例 5-28】使用命令卸载挂载到目录/mnt/sdb1 的磁盘分区/dev/sdb1。

方法 1：

```
[root@RHEL6 ~]#umount   /dev/sdb1
```

方法 2：

```
[root@RHEL6 ~]#umount   /mnt/sdb1
```

3. 使用图形化界面挂载及卸载磁盘分区

【例 5-29】在图形化界面中挂载分区/dev/sdb1。

首先使用"磁盘实用工具"打开如图 5-15 所示的磁盘信息窗口，在窗口中单击"挂载点"文字链接，则/dev/sdb1 分区将自动进行挂载，挂载的目录为"/media/新卷"。

图 5-15　磁盘信息

【例 5-30】在图形化界面中卸载例 5-29 挂载的分区/dev/sdb1。

在图 5-15 中，单击"Unmount Volume"文字链接即可完成卸载，"/media/新卷"目录不与

/dev/sdb1 关联。

在卸载分区时，要保证分区上的数据没有正在被读取，并且没有用户的主目录在该分区上，否则卸载分区会出错。

5.5 管理磁盘配额

5.5.1 磁盘配额概述

Linux 系统可供多个用户同时登录使用，多个用户会同时使用系统的磁盘存储空间。如果有一个或多个用户使用了大量的磁盘空间或创建了大量的文件，可能会导致系统磁盘空间不够，从而影响系统的正常运行及其他用户的正常使用，因此有必要限制用户使用磁盘空间的大小和文件数量的多少，即设置磁盘配额。Linux 系统可设置用户及用户组的磁盘配额，以限制用户组中各个用户使用的磁盘空间和文件数量的总和。

Linux 文件系统采用 ext2 及以上才允许设置磁盘配额，且只能限制普通用户，并由根用户来设置。Linux 磁盘配额不但限制磁盘空间大小的使用，还可限制使用磁盘文件的数量。

5.5.2 设置磁盘配额

Linux 系统磁盘配额的设置需要经过如下几个步骤。

1. 添加分区磁盘配额参数

（1）fstab 文件简介。

/etc/fstab 文件描述系统中各种文件系统的信息，每个文件系统占用一行，每行 6 列，用空格或 Tab 键分隔。系统启动的时候，根据该文件中关于文件系统的信息，指定的文件系统将按照要求被挂载到指定的目录。

第 1 列是要挂载文件系统的设备名称（device），或实际分区的卷标（label），或 UUID（Universally Unique Identifier，全局唯一标识符），或远程的文件系统。

第 2 列是挂载点（mount point）。挂载点是文件系统的挂载目录，从这个目录可以访问要挂载的文件系统。

第 3 列为此分区的文件系统类型（file system）。文件系统类型包括 ext2、ext3、ext4、nfs、ntfs、iso9660、tmpfs、proc、sysfs 等，也可以使用 auto 自动检测文件系统的类型。

第 4 列是挂载的选项（options），用于设置挂载的参数，各个参数用逗号分隔。

auto/noauto：auto 表示自动挂载，noauto 表示需要手动挂载。

ro/rw：ro 表示以只读权限挂载，rw 表示以可读/写权限挂载。

exec / noexec：exec 表示允许执行程序，noexec 表示不允许执行程序。

sync / async：sync 表示输入/输出用同步完成，async 表示输入/输出用异步完成。

user/nouser：user 表示任何用户都可以挂载，nouser 表示根用户才能挂载。

usrquota：表示支持用户磁盘配额。

grpquota：表示支持用户组磁盘配额。

defaults：表示 rw、suid、dev、exec、auto、nouser、async。

第 5 列是转储（dump）备份设置。当其值为 1 时，将允许转储备份程序每天备份；其值为 0 时，忽略备份操作。

第 6 列是系统开机时 fsck（file system check）检查文件系统的次序（Pass）。当其值为 0 时，永远不检查。当为其他数字时，按照 1、2、3……的次序依次检查。根目录分区设置为 1。

（2）修改磁盘配额参数。

默认情况下，在/etc/fstab 文件中，各文件系统都没有支持用户及用户组磁盘配额的参数。给指定文件系统增加磁盘配额参数，就是在/etc/fstab 文件中相应文件系统信息行的第 4 列增加用户的磁盘配额参数 usrquota 及用户组的磁盘配额参数 grpquota。

（3）重新挂载。

在修改了分区的磁盘配额参数后，需要重新挂载分区，才能使设置生效。

重新挂载分区的命令格式如下。

mount –o remount　挂载点

实际上，分区挂载信息没有写入 fstab 文件，直接执行挂载命令也是可行的。直接执行挂载命令格式如下。

mount –o usrquota,grpquota　分区　挂载点

【例 5-31】分区/dev/sdb1 已挂载到/mnt/sdb1 目录，添加用户及用户组的磁盘配额参数。

在 Nautilus 文件管理器中双击/etc/fstab 文件，在打开的文件最后一行添加/dev/sdb1 分区的用户及用户组的磁盘配额参数信息，如图 5-16 所示，然后保存退出。

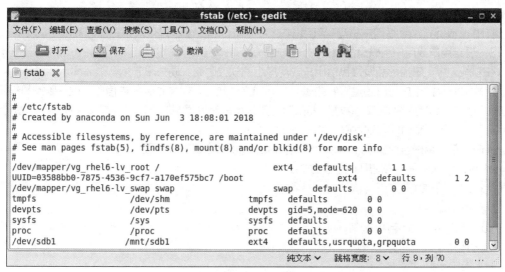

图 5-16　fstab 表

添加了磁盘配额功能的分区需要重新加载才能使磁盘配额功能生效。

[root@RHEL6 ~]# mount　–o　remount　/mnt/sdb1

2．创建磁盘配额限制文件

这一功能使用命令 quotacheck 来完成，创建的文件也被称为磁盘配额信息文件或磁盘配额数据库。文件中保存了用户及用户组的磁盘配额设置、磁盘空间及文件数量的使用情况等信息。语法格式如下。

quotacheck　[选项]　挂载点

常用选项如下。

-a：扫描所有支持磁盘配额的分区。

-u：建立用户磁盘配额配置文件 aquota.user。

-g：建立用户组磁盘配额配置文件 aquota.group。

-f：强制扫描文件系统，并写入新的磁盘配额文件。

【例 5-32】分区/dev/sdb1 已挂载到/mnt/sdb1 目录中，已经添加了用户及用户组磁盘配额参数，试创建用户及用户组的磁盘配额限制文件。

在 RHEL 6.9 中，由于 SELinux 的原因，默认不能创建用户及用户组的磁盘配额限制文件，可先禁用 SELinux，创建完磁盘配额限制文件后，再恢复启用该功能。

禁用 SELinux 命令格式：setenforce　0

启用 SELinux 命令格式：setenforce　1

先禁用 SELinux，然后创建磁盘配额限制文件，最后再启用 SELinux。

```
[root@RHEL6 ~]# setenforce 0
[root@RHEL6 ~]# quotacheck -ug /mnt/sdb1
[root@RHEL6 ~]# setenforce 1
```

检查是否生成了用户及用户组磁盘配额限制文件：

```
[root@RHEL6 ~]# ls -l /mnt/sdb1
总用量 32
-rw-------. 1 root root  6144 8月    8 20:38 aquota.group
-rw-------. 1 root root  6144 8月    8 20:38 aquota.user
drwx------. 2 root root 16384 8月    8 17:59 lost+found
```

其中 aquota.user 是用户磁盘配额限制文件，aquota.group 是用户组磁盘配额限制文件。

3. 设定用户或用户组磁盘配额

在 Linux 中，磁盘配额设置包括用户或用户组的软性限制、硬性限制和宽限时间。

软性限制是指用户可以超过限制的磁盘空间或文件数量，但会收到警告信息。硬性限制是指用户无法超过限制的磁盘空间或文件数量。宽限时间是指用户超过限制的磁盘空间或文件数量时开始计时。一旦计时超过了宽限时间，软性限制就变成硬性限制。

用户或用户组磁盘配额通过 edquota 或 setquota 命令来进行设置。

（1）edquota 命令的使用。语法格式如下。

```
edquota [选项]
```

常用选项如下。

-u <用户名>：指定用户。

-g <用户组>：指定用户组。

-t：指定宽限时间。

（2）setquota 命令的使用。语法格式如下。

```
setquota [选项] 软性块数 硬性块数 软文件数 硬文件数 挂载点
```

常用选项如下。

-u <用户名>：指定用户。

-g <用户组>：指定用户组。

备注：软性块数和硬性块数单位均为 kB。

【例 5-33】使用 setquota 命令设置用户 userA 在挂载到/mnt/sdb1 目录中的磁盘空间软性限制为 10MB、硬性限制为 100MB，文件数量软性限制为 2 个、硬性限制为 4 个。

```
[root@RHEL6 ~]# setquota -u userA 10240 102400 2 4 /mnt/sdb1
```

【例 5-34】使用 setquota 命令设置用户组 group1 在挂载到/mnt/sdb1 目录中的磁盘空间软性限制为 50MB、硬性限制为 100MB，文件数量软性限制为 10 个、硬性限制为 20 个。

```
[root@RHEL6 ~]# setquota -g group1 51200 102400 10 20 /mnt/sdb1
```

【例 5-35】使用 edquota 命令设置用户 userB 在挂载到/mnt/sdb1 目录中的磁盘空间软性限制为 10MB、硬性限制为 100MB，文件数量软性限制为 2 个、硬性限制为 4 个。

[root@RHEL6 ~]# edquota -u userB

在打开的窗口中使用 VI 进行编辑，最后在末行模式下执行命令 wq，如图 5-17 所示。

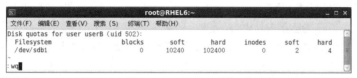

图 5-17　使用 edquota 设置磁盘配额参数

4. 启用磁盘配额功能

语法格式如下。

quotaon [选项] [目标分区或挂载目录]

常用选项如下。

-u：开启用户磁盘配额。

-g：开启用户组磁盘配额。

-a：开启在/etc/fstab 表中具有磁盘配额参数的分区，不需指定分区或目录。

【例 5-36】启用挂载到/mnt/sdb1 目录文件系统的用户及用户组磁盘配额功能。

[root@RHEL6 ~]# setenforce 0
[root@RHEL6 ~]# quotaon -ug /mnt/sdb1
[root@RHEL6 ~]# setenforce 1

启用磁盘配额命令需先禁用 SELinux，执行启用磁盘配额功能命令后再恢复启用 SELinux。

5. 关闭磁盘配额功能

语法格式如下。

quotaoff [选项] [目标分区或挂载目录]

常用选项如下。

-u：关闭用户磁盘配额。

-g：关闭用户组磁盘配额。

-a：关闭在/etc/fstab 表中具有磁盘配额参数的分区，不需指定分区或目录。

【例 5-37】关闭挂载到/mnt/sdb1 目录文件系统的用户及用户组磁盘配额功能。

[root@RHEL6 ~]# quotaoff -ug /mnt/sdb1

关闭磁盘配额命令时，不必禁用 SELinux。

5.5.3　测试磁盘配额

1. 测试磁盘配额使用情况方案

测试磁盘配额可通过多种方法进行。

第一种方法是用该用户登录系统，然后通过网络、移动硬盘、U 盘等方式向计算机复制文件，再检验磁盘配额的使用情况。

第二种方法是用 dd 命令创建指定大小的文件，然后检验磁盘配额的使用情况。

2. 查看磁盘配额的使用情况

（1）根用户可使用 repquota 命令来查看磁盘配额的使用情况，该命令可查看目标分区或目录中用户、用户组的磁盘配额设置及使用情况。语法格式如下。

```
repquota  [参数]  [目标分区或挂载目录]
```

常用选项如下。

-a：在/etc/fstab 表中具有磁盘配额参数的分区。

-u：用户的磁盘配额使用情况。

-g：用户组的磁盘配额使用情况。

-s：使用 MB、GB 为容量单位。

（2）根用户和普通用户还可以使用 quota 命令查看用户及用户组的磁盘配额使用情况。语法格式如下。

```
quota  [选项]
```

常用选项如下。

-u user：指定查看的用户名，默认为当前用户。

-g group：指定查看的用户组。

-s：使用 MB、GB 为容量单位。

【例 5-38】分区/dev/sdb1 挂载到/mnt/sdb1 目录，且设置用户 userA 的磁盘配额为：磁盘空间软性限制为 10MB、硬性限制为 100MB，文件数量软性限制为 2 个、硬性限制为 4 个。用户 userA 登录后在/mnt/sdb1 上创建一个 5MB 的文件，试检查/mnt/sdb1 磁盘配额使用情况。

方案分析：先切换到 userA 用户，以 userA 创建文件，然后用 quota 命令检查磁盘配额使用情况，再切换到 root 用户检查磁盘配额使用情况。用 userA 用户在/mnt/sdb1 上创建文件的时候，要注意 userA 用户是否有在该目录上的写权限。

具体操作步骤如下。

（1）设置用户 userA 在目录/mnt/sdb1 上有写权限。

```
[root@RHEL6 ~]# chmod  o+w  /mnt/sdb1
```

用户 userA 对挂载的目录/mnt/sdb1 默认只有可读和可执行权限，不能创建文件。

（2）切换到 userA 用户，并创建一个 5MB 的文件。

```
[root@RHEL6 ~]# su  -  userA
[userA@RHEL6 ~]$ dd  if=/dev/zero  of=/mnt/sdb1/userA  bs=1M  count=5
记录了 5+0 的读入
记录了 5+0 的写出
5242880 字节(5.2 MB)已复制, 0.0709042 秒, 73.9 MB/秒
[userA@RHEL6 ~]$
```

用命令"dd if=/dev/zero of=/mnt/sdb1/userA bs=1M count=5"创建一个大小为 5MB 的文件/mnt/sdb1/userA。

（3）检查 userA 用户的磁盘配额使用情况。

```
[userA@RHEL6 ~]$ quota
Disk quotas for user userA (uid 501):
     Filesystem blocks   quota   limit   grace   files   quota   limit   grace
     /dev/sdb1    5120   10240  102400            1       2       4
[userA@RHEL6 ~]$
```

普通用户只能使用命令 quota 来查看磁盘配额使用情况。在显示的信息中，5120 表示已经使用的磁盘空间为 5MB，10240 和 102400 分别表示磁盘软性限制为 10MB、硬性限制为 100MB，1 表示已经使用了 1 个文件，2 和 4 分别表示文件数量软性限制为 2 个、硬性限制为 4 个。

（4）切换到 root 用户，检查 userA 用户的磁盘配额使用情况。

root 用户使用命令 repquota 查看磁盘使用情况：

```
[userA@RHEL6 ~]$ exit
logout
[root@RHEL6 ~]# repquota  -u  /mnt/sdb1
*** Report for user quotas on device /dev/sdb1
Block  grace  time: 7days; Inode  grace  time: 7days
                              Block    limits              File limits
User          used     soft    hard  grace     used  soft  hard  grace
----------------------------------------------------------------------------
root      --     20       0       0             2    0    0
userA     --   5120   10240  102400             1    2    4


[root@RHEL6 ~]#
```

显示的结果同普通用户查询的结果一样。

root 用户使用命令 quota 查看磁盘使用情况：

```
[root@RHEL6 ~]# quota -u userA
Disk quotas for user userA (uid 501):
     Filesystem  blocks   quota   limit   grace   files   quota   limit   grace
       /dev/sdb1   5120   10240  102400            1     2     4
[root@RHEL6 ~]#
```

显示的结果同普通用户查询的结果一样。

【例 5-39】测试例 5-38 中用户 userA 的磁盘空间能否超过软性限制 10MB。

```
[root@RHEL6 ~]# su - userA
[userA@RHEL6 ~]$ dd  if=/dev/zero  of=/mnt/sdb1/userA  bs=1M  count=11
sdb1: warning, user file quota exceeded.
记录了 11+0 的读入
记录了 11+0 的写出
11534336 字节(12 MB)已复制，0.0594413 秒，194 MB/秒
[userA@RHEL6 ~]$
```

磁盘空间软性限制设置值为 10MB，此处生成一个 11MB 的文件来进行测试。测试结果表明成功创建了一个 11MB 的文件，说明磁盘空间可以超过软性限制。

检查当前的磁盘配额使用情况：

```
[userA@RHEL6 ~]$ quota
Disk quotas for user userA (uid 501):
     Filesystem   blocks   quota     limit   grace   files   quota   limit   grace
       /dev/sdb1  11264*  10240  102400   7days     1     2     4
[userA@RHEL6 ~]$
```

查询结果表明用户 userA 占用了 11264kB，即 11MB 的磁盘空间，超过了磁盘空间的软性限制。7days 表明宽限时间为 7 天。

【例 5-40】测试例 5-38 中用户 userA 的磁盘空间能否超过硬性限制 100MB。

```
[userA@RHEL6 ~]$ dd  if=/dev/zero  of=/mnt/sdb1/userA  bs=1M  count=101
sdb1: warning, user block quota exceeded.
sdb1: write failed, user block limit reached.
dd: 正在写入"/mnt/sdb1/userA": 超出磁盘限额
记录了 101+0 的读入
记录了 100+0 的写出
104857600 字节(105 MB)已复制，2.23133 秒，47.0 MB/秒
```

以上显示的信息中，"超出磁盘限额"表明创建 101MB 的文件失败，即磁盘空间不能超过硬性限制。检查当前的磁盘配额使用情况：

```
[userA@RHEL6 ~]$ quota
Disk quotas for user userA (uid 501):
      Filesystem    blocks    quota    limit    grace      files    quota    limit    grace
      /dev/sdb1     102400*   10240    102400   6days          1        2        4
[userA@RHEL6 ~]$
```

显示的结果表明，已经达到了磁盘配额空间的硬性限制。

5.6　小结

（1）Linux 中的目录是一种树形结构，根目录为"/"，根目录下有默认的目录结构。

（2）Linux 中的文件及目录的访问用户共 3 类：属主、属组和其他，每类用户都可单独设置其对文件或目录的可读、可写及可执行权限。改变属主及属组可使用 chown 命令，改变属组还可使用 chgrp 命令，改变权限使用 chmod 命令。

（3）磁盘需要先分区，然后对分区进行格式化、挂载之后才能使用。用来进行分区的命令是 fdisk，格式化分区的命令是 mkfs，挂载分区的命令是 mount，卸载分区的命令是 umount。

（4）Linux 是多用户可同时登录使用的系统，设置磁盘配额非常重要。quotacheck、edquota、setquota、quota、repquota、quotaon 及 quotaoff 等命令是设置磁盘配额的主要命令。

5.7　实训　文件系统及磁盘管理综合实训

1. 实训目的

（1）掌握属主及属组的设置方法。

（2）掌握创建分区、格式化分区及挂载分区的方法。

（3）掌握设置用户及用户组磁盘配额的方法。

（4）掌握测试磁盘配额的方法。

2. 实训内容

（1）为自己及班上的同学分别创建账号，为本班创建一个用户组，将班上同学加入这个用户组中。

（2）创建一个公用目录/students，仅允许自己及自己班的同学可读、可写及可执行。

（3）添加大小为 40GB 的磁盘，将整个磁盘格式化为 1 个分区，挂载到/students 目录中。

（4）为每个同学的账号设置磁盘配额 500MB，本班同学的磁盘配额为 20GB，自己账号的磁盘配额为 10GB。

（5）测试班上同学及自己账号的磁盘配额使用情况。

5.8 习题

1. 选择题

（1）一个文件的权限是"rw-r-- r--"，表示文件属组具有的权限为（　　）。

    A. 可读　　　　B. 可写　　　　　　C. 可读和可写　　　D. 可执行

（2）修改文件/test.txt 的用户属主为 userA，其命令是（　　）。

    A. chown　　userA　/test.txt　　　　B. chown　/test.txt　userA

    C. chgrp　　userA　/test.txt　　　　D. chgrp　/test.txt　userA

（3）修改文件/test.txt 的用户属组为 group1，其命令是（　　）。

    A. chown　　group1　/test.txt　　　B. chown　/test.txt　group1

    C. chgrp　　group1　/test.txt　　　D. chgrp　/test.txt　group1

（4）（　　）分区是逻辑分区的命名。

    A. /dev/sdb1　　B. /dev/sdb2　　C. /dev/sdb3　　D. /dev/sdb5

（5）下列命令中，可以用来进行分区的命令是（　　）。

    A. fdisk　　　　B. setquota　　C. format　　　　D. mkfs.ext2

（6）挂载/dev/sdb1 分区到/sdb1 目录的命令是（　　）。

    A. mount　　/sdb1　/dev/sdb1　　　B. mount　/dev/sdb1　/sdb1

    C. umount　/sdb1　/dev/sdb1　　　D. umount　/dev/sdb1　/sdb1

（7）将分区/dev/sdb1 挂载到/mnt/sdb1 目录，设置用户 userA 的磁盘配额，要求磁盘空间软性限制为 100MB、硬性限制为 200MB，文件数量软性限制为 100 个、硬性限制为 200 个，则正确的命令是（　　）。

    A. setquota　-u　userA　102400　204800　100　200　/mnt /sdb1

    B. edquota　-u　userA　102400　204800　100　200　/mnt /sdb1

    C. setquota　-u　userA　100　200　102400　204800　/mnt /sdb1

    D. edquota　-u　userA　100　200　102400　204800　/mnt /sdb1

（8）文件权限的字符设定法中，740 表示（　　）。

    A. 属主具有可读、可写和可执行权限

    B. 属组具有可读、可写和可执行权限

    C. 其他用户具有可读、可写和可执行权限

    D. 属主具有可读、可写和可执行权限，同时属组具有可读权限，其他用户无权限

（9）Linux 系统应用程序的配置文件一般在（　　）目录中。

    A. /bin　　　　　B. /root　　　　C. /boot　　　　D. /etc

（10）设置文件/test.txt 的访问权限，要求只有属主具有可读、可写和可执行权限，则下列（　　）是正确的命令。

    A. chmod　　u=rwx　/test.txt　　　B. chmod　　g=rwx　/test.txt

    C. chmod　　o=rwx　/test.txt　　　D. chmod　　a=rwx　/test.txt

2. 填空题

（1）改变文件属主的命令是_____，改变文件属组的命令是_____和_____。

（2）改变文件访问权限的命令是_____。

（3）在一块磁盘中，最多可以创建_____个主分区。

3. 判断题

（1）Linux 中文件属主一定要在属组中。（　　　）

（2）root 用户可以访问系统中任何文件，而不管这个文件的权限是如何设置的。（　　　）

（3）fdisk 命令可以用来创建主分区、扩展分区和逻辑分区。（　　　）

（4）逻辑分区从 5 开始编号。（　　　）

（5）磁盘配额可以对用户组进行设置。（　　　）

4. 简答题

（1）简述什么是磁盘配额。如何实现用户及用户组的磁盘配额？

（2）简述什么是文件系统。Linux 中都有哪些文件系统？

（3）简述一块全新的磁盘要经过哪些步骤才能投入使用。

第6章

系统与进程管理

06

【本章导读】

本章介绍了 Linux 系统的启动过程、进程的概念及分类、用命令进行进程管理和在图形界面中进行进程管理、进程调度及服务管理。

【本章要点】

① Linux 系统的启动过程
② Linux 系统的进程管理

③ Linux 系统的进程调度
④ Linux 系统的服务管理

6.1 系统初始化过程管理

6.1.1 系统启动过程概述

Linux 系统在开机后要经历以下步骤才能完成整个启动的流程：BIOS 自检、系统引导、内核引导和启动以及 init 系统初始化。整个过程如图 6-1 所示。

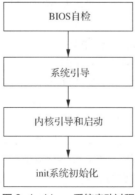

图 6-1 Linux 系统启动过程

下面分别介绍这几个过程。

1. BIOS 自检

BIOS（Basic Input/Output System），又称基本输入/输出系统，可以视为永久记录在 ROM 中的一个软件，是操作系统输入/输出管理系统的一部分。早期的 BIOS 芯片确实是"只读"的，里面的内容是用一种烧录器写入的，一旦写入就不能更改，除非更换芯片。现在的主机板都使用一种叫 Flash EPROM 的芯片来存储系统 BIOS，里面的内容可通过使用主板厂商提供的擦写程序擦除后重新写入，这样就给用户升级 BIOS 提供了极大的方便。

BIOS 有两部分功能：POST 和 Runtime 服务。POST 阶段完成后它将从存储器中被清除，而 Runtime 服务会被一直保留，用于目标操作系统的启动。BIOS 两个阶段所做的详细工作如下。

（1）通电自检 POST（Power-on self test），主要负责检测系统外围关键设备（如 CPU、内存、显卡、I/O、键盘鼠标等）是否正常。例如，最常见的内存松动的情况，BIOS 自检阶段会报错，系统就无法启动。

（2）上一步成功后，便会执行一段小程序来枚举本地设备并将其初始化。这一步主要是根据在 BIOS 中设置的系统启动顺序来搜索用于启动系统的驱动器，如硬盘、光盘、U 盘和网络等。以硬盘启动为例，BIOS 此时去读取硬盘驱动器的第一个扇区（MBR，512 字节），然后执行里面的代码。实际上这里 BIOS 并不关心启动设备第一个扇区中是什么内容，它只是负责读取该扇区内容并执行。

至此，BIOS 的任务就完成了，此后系统启动的控制权移交到 MBR 部分的代码。

2. 系统引导

（1）MBR 介绍。

MBR（Master Boot Record，主引导记录）存储于磁盘的头部，大小为 512 B（byte）。MBR 由三部分组成，分别为主引导程序、硬盘分区表和硬盘有效标志。其中，446 B 用于存储主引导程序，64 B 用于存储硬盘分区表信息，最后 2 B 用于 MBR 的硬盘有效性检查。

（2）GRUB。

GRUB（Grand Unified Bootloader，多系统启动程序），它一般位于/boot/grub 中。其执行过程可分为三个步骤。

① 该步骤其实就是 MBR，它的主要工作是查找并加载第二段主引导程序，但系统在没启动时，MBR 找不到文件系统，也就找不到第二段主引导程序所存放的位置，因此转入下一步。

② 识别文件系统，从而知道主引导程序的位置。

③ GRUB 程序会根据/boot/grub/grub.conf 文件查找 Kernel 的信息，然后开始加载 Kernel 程序，当 Kernel 程序被检测并加载到内存中，GRUB 就将控制权交接给 Kernel 程序。

3. 内核引导和启动

Kernel 也叫内核，是 Linux 系统最主要的程序，实际上，Kernel 的文件很小，只保留了最基本的模块，并以压缩的文件形式存储在硬盘中，当 GRUB 将 Kernel 读进内存，内存即开始解压缩内核文件。在介绍内核启动之前，先对 initrd 这个文件进行介绍。

initrd（Initial RAM Disk，初始 RAM 磁盘），它在 GRUB 这个步骤就被复制到了内存中，这个文件是在安装系统时产生的，是一个临时的根文件系统（rootfs）。为了精简，Kernel 只保留了最基本的模块，因此，Kernel 上并没有各种硬件的驱动程序，也就无法识别 rootfs 所在的设备，故产生了 initrd 这个文件。该文件装载了必要的驱动模块，当 Kernel 启动时，可以从 initrd 文件中装载驱动模块，直到挂载真正的 rootfs，才将 initrd 从内存中移除。

Kernel 会以只读方式挂载根文件系统，当根文件系统被挂载后，开始装载第一个进程（用户空间的进程），执行/sbin/init，之后就将控制权交接给 init 程序。

4. init 系统初始化

（1）init 读取/etc/inittab 文件。

init 也叫初始化。顾名思义，该程序就是进行 OS 初始化操作，实际上是根据/etc/inittab（定义了系统默认运行级别）设定的动作进行脚本的执行，第一个被执行的脚本为/etc/rc.d/rc.sysinit。这是个真正的 OS 初始化脚本，下面简单介绍这个脚本的任务。

- 激活 udev 和 SELinux。
- 根据/etc/sysctl.conf 文件来设定内核参数。
- 设定系统时钟。
- 装载硬盘映射。
- 启用交换分区。
- 设置主机名。
- 根文件系统检测，并以读/写方式重新挂载根文件系统。
- 激活 RAID 和 LVM 设备。
- 启用磁盘配额。
- 根据/etc/fstab 检查并挂载其他文件系统。
- 清理过期的锁和 PID 文件。

执行后，根据配置的启动级别执行对应目录下的脚本，再依次执行其他脚本。以下是 Rad Hat 的/etc/inittab 文件的例子。

```
# Default runlevel. The runlevels used by RHS are:
# 0 - halt (Do NOT set initdefault to this)
# 1 - Single user mode
# 2 - Multiuser, without NFS (The same as 3, if you do not have networking)
# 3 - Full multiuser mode
# 4 - unused
# 5 - X11
# 6 - reboot (Do NOT set initdefault to this)
#
id:3:initdefault:
# System initialization.
si::sysinit:/etc/rc.d/rc.sysinit
```

（2）执行/etc/rc.d/rc 脚本。

该文件定义了服务启动的顺序是先 K 后 S，S 表示的是启动时需要开启（Start）的服务内容，K 表示关机时需要关闭（Kill）的服务内容。而具体的每个运行级别的服务状态放在/etc/rc.d/rc*.d（*=0～6）目录下，所有的文件均指向/etc/init.d 下相应文件的符号链接。rc.sysinit 通过分析/etc/inittab 文件来确定系统的启动级别，然后才去执行/etc/rc.d/rc*.d 下的文件。

```
/etc/init.d-> /etc/rc.d/init.d
/etc/rc ->/etc/rc.d/rc
/etc/rc*.d ->/etc/rc.d/rc*.d
/etc/rc.local-> /etc/rc.d/rc.local
/etc/rc.sysinit-> /etc/rc.d/rc.sysinit
```

也就是说，/etc 目录下的 init.d、rc、rc*.d、rc.local 和 rc.sysinit 均指向/etc/rc.d 目录下相应文件和文件夹的符号链接。下面以启动级别 3 为例来进行简要说明。

/etc/rc.d/rc3.d 目录下的内容全部都是以 S 或 K 开头的链接文件，且都链接到/etc/rc.d/init.d 目录下的各种 Shell 脚本。/etc/rc.d/rc*.d 中的系统服务会在系统后台启动，如果要对某个运行级别中的服务进行更具体的定制，可通过 chkconfig 命令来操作，或者通过 setup、ntsys、system-config-services 来进行。如果需要自己增加启动的内容，可以在 init.d 目录中增加相关的 Shell 脚本，然后在 rc*.d 目录中建立链接文件指向该 Shell 脚本。这些 Shell 脚本的启动或结束顺序由 S 或 K 字母后面的数字决定，数字越小的脚本越先执行。例如，/etc/rc.d/rc3.d/S01sysstat 就比/etc/rc.d/rc3.d/S99local 先执行。

（3）执行/etc/rc.d/rc.local 脚本。

当执行/etc/rc.d/rc3.d/S99local 时，就是在执行/etc/rc.d/rc.local。S99local 是指向 rc.local 的符号链接。即一般来说，自定义的程序不需要执行上面所说的建立 Shell 增加链接文件的烦琐步骤，只需要将命令放在 rc.local 里面就可以了，这个 Shell 脚本就是保留给用户自定义启动内容的。

当完成了所有步骤后，Linux 会启动终端或 X Window 来等待用户登录。

6.1.2 系统运行级别设置

1. Linux 系统的 7 个运行级别

runlevel，也叫运行级别，不同的级别启动的服务不同，这些级别定义在/etc/inittab 中，init 会根据定义的级别去执行相应目录下的脚本，Linux 的启动级别分为以下几种。

- 运行级别 0：系统停机状态。系统默认运行级别不能设为 0，否则不能正常启动。
- 运行级别 1：单用户工作状态。
- 运行级别 2：多用户状态（没有 NFS）。
- 运行级别 3：完全的多用户状态（有 NFS）。登录后进入控制台命令行模式。
- 运行级别 4：系统未使用，保留。
- 运行级别 5：X11 控制台，登录后进入图形 GUI 模式。
- 运行级别 6：系统正常关闭并重启。默认运行级别不能设为 6，否则不能正常启动。

2. 运行级别原理介绍

- 在目录/etc/rc.d/init.d 下有许多服务器脚本程序，一般称为服务（service）。
- rcN.d 目录下都是一些符号链接文件，这些链接文件都指向 init.d 目录下的 service 脚本文件，命名规则为"K+nn+服务名"或"S+nn+服务名"，其中 nn 为两位数字。
- 系统会根据指定的运行级别进入对应的 rcN.d 目录，并按照文件名顺序检索目录下的链接文件：对于以 K（Kill）开头的文件，系统将终止对应的服务；对于以 S（Start）开头的文件，系统将启动对应的服务。
- 查看运行级别用 runlevel。
- 进入其他运行级别用 initN，如果为 init3，则进入终端模式，init5 则登录图形 GUI 模式。

另外，init0 为关机，init6 为重启系统。标准的 Linux 运行级别为 3 或 5，如果是 3，系统就为多用户状态；如果是 5，则是运行着 XWindow 系统。不同的运行级别有不同的用处，应该根据自己的不同情形来设置。

6.2 进程管理与监控

6.2.1 进程管理概述

1. 进程的概念

进程是操作系统中一种较为抽象的概念，用来表示正在运行的程序。在 Linux 中的进程是具有独立功能的程序的运行过程，是系统进行资源分配的基本单位。在系统中可一次性地运行多个进程。Linux 在创建进程时会为其分配一个唯一的进程号（PID），以区分不同的进程。

一般认为，进程不是程序，进程是由程序产生的用来描述程序动态执行的过程。因此进程是程序的一次执行的动态子过程，它是动态的、暂时的、不停在运行的。一个程序可对应多个进程，一个进程也可调用多个程序。图 6-2 显示了程序与进程的关系。

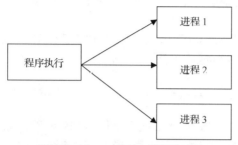

图 6-2　Linux 中程序与进程的关系

在 Linux 中由内核来完成对所有进程的控制与调度，内核中存储的进程的重要信息如下。

- 进程的内存地址。
- 进程的当前状态。
- 进程正在使用的资源。
- 进程的优先级。
- 进程的属主。

2. 作业的概念

在 Linux 中正在执行的一个或多个相关的进程可组成一个作业，一个作业可以启动多个进程。并且根据工作方式的不同，作业可分为两大类。

- 前台作业：该进程运行于前台，用户可与进程交互。
- 后台作业：该进程运行于后台，向终端输出结果，用户无法直接控制。

值得注意的是，作业既可以运行在前台，也可以运行在后台。

6.2.2　进程的状态

在 Linux 中的进程有以下 7 种状态。

（1）就绪状态：进程已经获得除 CPU 以外的运行所需的全部资源。

（2）运行状态：进程正在运行，并且占用 CPU 的资源。

（3）等待状态：进程正在等待某一事件或某一资源。

（4）挂起状态：正在运行的某个进程因为某个原因暂时停止运行。

（5）终止状态：该进程已经结束。

（6）僵死状态：进程已停止运行，但是还保留着相关的信息。

（7）休眠状态：进程主动暂时停止运行。

6.2.3　进程的分类

Linux 将进程分为实时进程和非实时进程，其中非实时进程可进一步划分为交互式进程和批处理进程。

1．实时进程

实时进程有很强的调度需要，这样的进程绝不会被低优先级的进程阻塞。同时，它们的响应时间要尽可能短。例如，视频和音频应用程序以及机器人控制程序等。

2．非实时进程

- 交互式进程。此类进程经常与用户进行交互，因此需要花费很多时间等待键盘和鼠标操作。在接受了用户的输入后，进程必须很快被唤醒，否则用户会感觉系统反应迟钝。例如，文本编辑程序和图形应用程序等。

- 批处理进程。此类进程不必与用户交互，因此经常在后台运行。由于批处理进程不必很快响应，因此常受到调度程序的怠慢（如数据库搜索引擎等）。

6.2.4　进程的优先级

进程的优先级是指在 Linux 中，按照 CPU 资源分配的先后顺序形成的不同进程的队列。一般而言，优先级高的进程有优先执行的权利。如果用户希望某个进程尽快运行，可以通过修改该进程的优先级来改变其在队列中的排列顺序，从而使它优先运行。

在 Linux 中启动进程的用户或是管理员用户可以修改进程的优先级，而普通用户只能调低优先级，超级用户既可以调高优先级也可以调低优先级。Linux 中的进程优先级用英文字母 nice 表示，nice 的取值为−20～19，取值越低，优先级越高，默认为 0。图 6-3 显示了 Linux 中进程优先级的运行过程。

图 6-3　Linux 中进程优先级的运行过程

6.2.5　进程的属性

一个进程可能包含有多个属性参数，这些参数决定进程的编号、被执行的先后顺序以及访问资源的多少。本节将介绍进程中的常见参数以及参数的含义。

（1）进程标识（PID）。Linux 系统为每个进程分配了一个标识其身份的 ID，称为 PID。每一个 PID 都有不同的权限，系统就通过这个 PID 来判断该进程的工作执行方式。对于计算机而言，管理 PID 远比管理进程名要轻松得多。

（2）父进程标识（PPID）。在 Linux 中，进程间是有相关性的，在用户登录 Linux 后，内核会先自主地创建几个进程，再由这些进程提供的接口去创建新的进程。因此，可以认为，当一个进程被创建时，创建它的进程就叫父进程，用标识 PPID 表示。而被创建的进程叫子进程。值得注意的是，进程都是由父进程通过"复制"的方式得来的。因此，子进程与父进程几乎是一模一样的。

6.2.6　使用命令进行进程管理

在 Linux 中，可以通过 Shell 命令实现进程的管理与监控，本节详细介绍相关的命令。

1．管理进程与作业的命令

（1）jobs 命令。

jobs 命令用于显示当前所有的作业。该命令语法如下。

jobs（参数）

参数含义如下。

-p：仅显示进程号。

-l：同时显示进程号、作业号、作业状态等。

例如：

[root@ RHEL6 ~]# jobs　//显示作业信息

（2）ps 命令。

ps 命令用于显示进程的状态。该命令语法如下。

ps（参数）

参数含义如下。

-a：显示当前终端的所有进程。

-e：显示系统中的所有进程。

-l：显示进程的详细信息。

-t 终端名：显示对应终端的进程。

-u 用户名：显示对应用户的进程。

例如：

[root@ RHEL6 ~]# ps　-l //显示进程详细信息

结果如图 6-4 所示。

```
[root@RHEL6 ~]# ps -l
F S   UID   PID  PPID  C PRI  NI ADDR SZ WCHAN  TTY          TIME CMD
4 S     0  5297  5295  0  80   0 -  1686 -      pts/0    00:00:00 bash
4 R     0  5325  5297  0  80   0 -  1624 -      pts/0    00:00:00 ps
```

图 6-4　Linux 中进程的显示

由图 6-4 可以看出，在显示进程信息时，包含的主要内容如下。

UID：用户名。

PID：进程号。

PPID：父进程号。

C：进程最近所耗费的 CPU 资源。

TIME：进程总共占用的 CPU 时间。

CMD：进程名。

也可以使用命令组合 aux 来显示进程的详细信息，如图 6-5 所示。

```
[root@RHEL6 ~]# ps aux
USER      PID %CPU %MEM    VSZ   RSS TTY      STAT START   TIME COMMAND
root        1  0.1  0.1   2900  1436 ?        Ss   09:07   0:01 /sbin/init
root        2  0.0  0.0      0     0 ?        S    09:07   0:00 [kthreadd]
root        3  0.0  0.0      0     0 ?        S    09:07   0:00 [migration/0]
root        4  0.0  0.0      0     0 ?        S    09:07   0:00 [ksoftirqd/0]
root        5  0.0  0.0      0     0 ?        S    09:07   0:00 [stopper/0]
root        6  0.0  0.0      0     0 ?        S    09:07   0:00 [watchdog/0]
root        7  0.0  0.0      0     0 ?        S    09:07   0:00 [events/0]
root        8  0.0  0.0      0     0 ?        S    09:07   0:00 [events/0]
root        9  0.0  0.0      0     0 ?        S    09:07   0:00 [events_long/0]
root       10  0.0  0.0      0     0 ?        S    09:07   0:00 [events_power_]
root       11  0.0  0.0      0     0 ?        S    09:07   0:00 [cgroup]
root       12  0.0  0.0      0     0 ?        S    09:07   0:00 [khelper]
root       13  0.0  0.0      0     0 ?        S    09:07   0:00 [netns]
```

图 6-5　Linux 命令组合显示进程详细信息

（3）kill 命令。

kill 命令用于终止正在运行的作业或进程。超级用户可以终止所有进程，普通用户只能终止自己启动的进程。该命令语法如下。

> kill （进程信号） 进程号

要想知道常用的进程信号，可使用命令 kill -l 来查看，如图 6-6 所示。

```
[root@RHEL6 ~]# kill -l
 1) SIGHUP      2) SIGINT      3) SIGQUIT     4) SIGILL      5) SIGTRAP
 6) SIGABRT     7) SIGBUS      8) SIGFPE      9) SIGKILL    10) SIGUSR1
11) SIGSEGV    12) SIGUSR2    13) SIGPIPE    14) SIGALRM    15) SIGTERM
16) SIGSTKFLT  17) SIGCHLD    18) SIGCONT    19) SIGSTOP    20) SIGTSTP
21) SIGTTIN    22) SIGTTOU    23) SIGURG     24) SIGXCPU    25) SIGXFSZ
26) SIGVTALRM  27) SIGPROF    28) SIGWINCH   29) SIGIO      30) SIGPWR
31) SIGSYS     34) SIGRTMIN   35) SIGRTMIN+1 36) SIGRTMIN+2 37) SIGRTMIN+3
38) SIGRTMIN+4 39) SIGRTMIN+5 40) SIGRTMIN+6 41) SIGRTMIN+7 42) SIGRTMIN+8
43) SIGRTMIN+9 44) SIGRTMIN+10 45) SIGRTMIN+11 46) SIGRTMIN+12 47) SIGRTMIN+13
48) SIGRTMIN+14 49) SIGRTMIN+15 50) SIGRTMAX-14 51) SIGRTMAX-13 52) SIGRTMAX-12
53) SIGRTMAX-11 54) SIGRTMAX-10 55) SIGRTMAX-9 56) SIGRTMAX-8 57) SIGRTMAX-7
58) SIGRTMAX-6 59) SIGRTMAX-5 60) SIGRTMAX-4 61) SIGRTMAX-3 62) SIGRTMAX-2
63) SIGRTMAX-1 64) SIGRTMAX
```

图 6-6　常用的进程信号

最常用的进程信号是-9，直接用命令来杀死进程。

【例 6-1】用 kill 命令杀死指定的进程。

使用命令 ps –ef | grep vim，找出特定的进程，显示出进程号为 5366，再使用命令 kill 5366 杀死该进程。显示结果如图 6-7 所示。

```
[root@RHEL6 ~]# ps -ef| grep vim
root      5366  5297  0 14:20 pts/0    00:00:00 grep vim
[root@RHEL6 ~]# kill 5366
bash: kill: (5366) - 没有那个进程
```

图 6-7　杀死指定进程

（4）nice 命令。

nice 命令用于设置将要启动的进程的优先级。nice 的取值范围为-20～19。该命令的语法如下。

> nice（-优先级值）命令

【例 6-2】用 nice 命令设置进程的优先级。

具体操作步骤如下。

① 使用命令 vi $创建一个在后台运行的进程，如图 6-8 所示。

```
[root@RHEL6 ~]# vi $

[1]+ Stopped                vi $
[root@RHEL6 ~]# ps -l
F S   UID   PID  PPID  C PRI  NI ADDR SZ WCHAN  TTY          TIME CMD
4 S     0  5384  5382  0  80   0 -  1686 -      pts/0    00:00:00 bash
4 T     0  5424  5384  0  80   0 -  1713 -      pts/0    00:00:00 vi
4 R     0  5425  5384  0  80   0 -  1624 -      pts/0    00:00:00 ps
```

图 6-8　创建后台进程

② 使用命令 nice -n 19 vi $将该进程的优先级的值设置为 19，如图 6-9 所示。

```
[root@RHEL6 ~]# nice -n 19 vi $

[2]+ Stopped                nice -n 19 vi $
[root@RHEL6 ~]# ps -l
F S   UID   PID  PPID  C PRI  NI ADDR SZ WCHAN  TTY          TIME CMD
4 S     0  5384  5382  0  80   0 -  1686 -      pts/0    00:00:00 bash
4 T     0  5424  5384  0  80   0 -  1713 -      pts/0    00:00:00 vi
4 T     0  5428  5384  0  99  19 -  1720 -      pts/0    00:00:00 vi
4 R     0  5429  5384  0  80   0 -  1624 -      pts/0    00:00:00 ps
```

图 6-9　设置该进程的优先级

（5）renice 命令。

renice 命令用于修改运行中的进程的优先级，设置指定用户或群的进程优先级。优先级值前无 "–"

符号。该命令语法如下。

renice 优先级值 （参数）

参数含义如下。

-p：进程号。

-u：用户名。

-g：组群号。

例如：

[root@ RHEL6 ~]#renice +12 -p 8357   //将进程号为 8357 的优先级设置为 12

2. 实施系统监控的命令

（1）who 命令。

who 命令用于查看当前已登录的所有用户。该命令的语法如下。

who（参数）

参数含义如下。

-m：显示当前用户的用户名。

-H：显示用户信息。

例如，用 who 命令显示用户信息，如图 6-10 所示。

```
[root@RHEL6 ~]# who
root      tty1       2018-07-02 09:08 (:0)
root      pts/0      2018-07-02 09:21 (:0.0)
```

图 6-10   who 命令

（2）top 命令。

top 命令用于即时跟踪当前系统中的进程状态，可以动态显示 CPU 信息、内存利用率和进程状态等相关信息，也是目前应用广泛的实时系统性能检测程序。top 命令默认每间隔 5 秒更新一次显示信息。该命令的语法如下。

top（参数）

参数含义如下。

-d：整个程序的更新次数，默认间隔时间为 5 秒。

-b：以批次的方式执行 top 命令。

运行该命令，结果如图 6-11 所示。

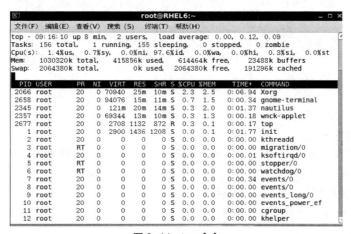

图 6-11   top 命令

由图 6-11 可以看出，top 命令的显示结果十分丰富，使用 CPU 最多的程序会排在最前面。此外，用户还可以查看内存占用率等有用的信息，并在查看结束后输入 q 退出该命令。

（3）free 命令。

free 命令用于显示内存与交换分区的信息。该命令的语法如下。

free （参数）

参数含义如下。

-m：以 MB 为单位显示。

-t：增加显示内存和交换分区的总和信息。

-s：动态显示刷新频率，以秒为单位。

执行 free 命令，运行结果如图 6-12 所示。

```
[root@RHEL6 ~]# free
             total      used      free    shared   buffers    cached
Mem:       1030320    418032    612288      3756     23980    193040
-/+ buffers/cache:    201012    829308
Swap:      2064380         0   2064380
```

图 6-12　free 命令

6.2.7　使用图形界面进行进程管理

在 Shell 中可以使用图形界面进行进程管理，基本操作如下。

（1）打开系统监视器。

选择桌面顶部的"应用程序"→"系统工具"→"系统监视器"菜单命令，打开"系统监视器"窗口，显示如图 6-13 所示界面。

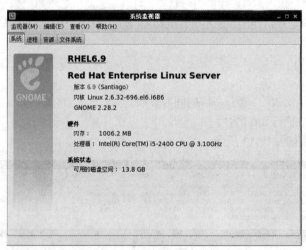

图 6-13　"系统监视器"窗口

（2）单击和查看进程。

单击打开"进程"选项卡，界面如图 6-14 所示。该界面中的按钮属性如下。

进程名：表示进程的名称。

状态：表示进程的状态，如运行或睡眠等。

%CPU：表示进程对 CPU 的占用率。

Nice：表示进程的优先级值。

ID：表示进程号。

内存：表示进程对内存的占用率。

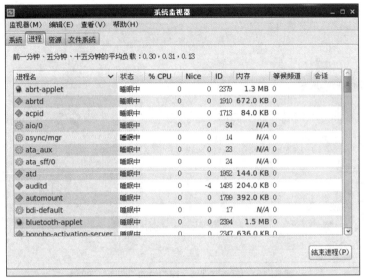

图 6-14　"系统监视器"窗口中的"进程"选项卡

（3）编辑进程。

单击"编辑"选项，可以对系统中的进程进行编辑和管理。界面如图 6-15 所示。

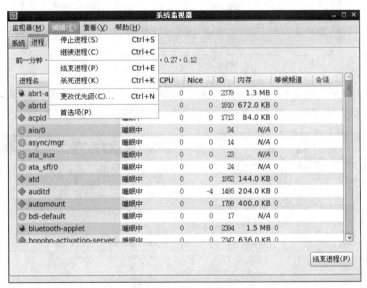

图 6-15　"编辑"菜单

（4）监视进程。

打开"资源"选项卡，可以对当前系统资源及网络进行实时监视。该界面主要包括：查看 CPU 历史、查看内存和交换历史以及查看网络历史三部分，如图 6-16 所示。

（5）监视文件系统。

打开"文件系统"选项卡，可以对 Linux 中的文件进行实时监视，如图 6-17 所示。

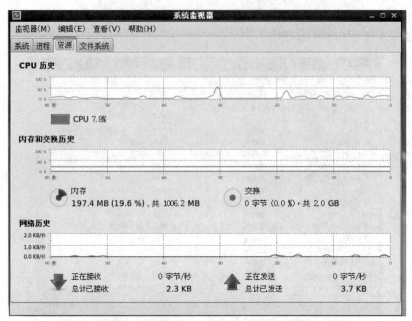

图 6-16 "系统监视器"窗口中的"资源"选项卡

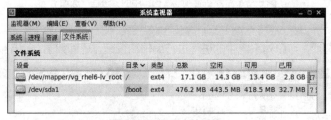

图 6-17 显示文件系统

如果要显示文件系统的全部内容，可以选择"编辑"→"首选项"命令，在弹出的对话框中选中"显示全部文件系统"复选框，查看系统中全部文件的使用情况，如图 6-18 所示。

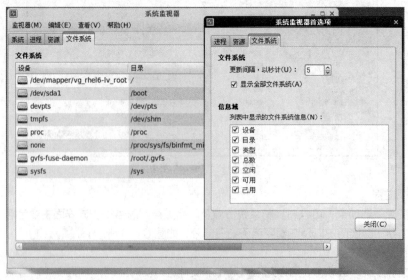

图 6-18 显示全部文件系统

6.3 进程调度

6.3.1 进程调度概述

Linux 系统允许用户在特定的时间自动执行指定的任务，也允许用户对任务进行合理的安排，从而提高资源利用率，均衡系统的负载，最终实现系统管理的自动化。

用户对 Linux 系统的进程调度可使用以下方式进行。

- 使用命令 at 调度偶尔运行的进程。
- 使用命令 cron 调度经常运行的进程。

6.3.2 进程调度的命令

1. at 命令

用户可以使用 at 命令来指定特定的日期和时间以便运行某个程序。该命令的语法如下。

at（参数）时间

参数含义如下。

-f 文件名：用于指定计划执行的命令存放在哪一个文件中。

-l：显示等待执行的调度作业。

-d：删除指定的调度作业。

值得注意的是，该命令后必须要加上时间，否则无效。如图 6-19 所示。

```
[root@RHEL6 ~]# at
Garbled time
```

图 6-19 at 命令须加上时间

at 命令对于时间的设置十分复杂。它既可以设置当天的时间，也可以设置几天后的时间。在格式上，可以使用 am、pm 等进行描述，也可以用 hh:mm（小时:分钟）的方式来描述。例如，指定在今天下午 5:30 执行某命令。假设现在时间是 2018 年 5 月 15 日中午 12:30，其命令格式如下。

- at 5:30pm
- at 17:30
- at 17:30 today
- at now + 5 hours
- at now + 300 minutes
- at 17:30 15.5.18
- at 17:30 5/15/18
- at 17:30 May 15

【例 6-3】用 at 命令创建三个不同时间的作业，假设现在时间为 2018 年 7 月 2 日早上 9:32。具体操作步骤如下。

（1）创建一个作业，时间在 1 分钟以后。

① 输入命令：at now+1 minutes。

② 输入作业的内容：welcome。

③ 按组合键 Ctrl+D 结束。

④ 显示 job：at 2018-07-02 09:33。

如图 6-20 所示。

```
[root@RHEL6 ~]# at now+1 minutes
at> welcome
at> <EOT>
job 1 at 2018-07-02 09:33
```
图 6-20　at 命令创建作业 1

（2）同理，创建第二个作业，时间在 3 天后的晚上 8 点，如图 6-21 所示。

```
[root@RHEL6 ~]# at 8pm+3 days
at> /bin/ls
at> <EOT>
job 2 at 2018-07-05 20:00
```
图 6-21　at 命令创建作业 2

（3）创建第三个作业，时间是现在。如图 6-22 所示。

```
[root@RHEL6 ~]# at now
at> hello
at> <EOT>
job 3 at 2018-07-02 09:32
```
图 6-22　at 命令创建作业 3

2. atq 命令

当用户使用 at 命令设定好作业计划后，可以用 atq 命令查看已经安排好的作业。例如：

[root@ RHEL6 ~]#atq　//查看作业安排

该命令运行结果如图 6-23 所示。

```
[root@RHEL6 ~]# atq
2        2018-07-05 20:00 a root
```
图 6-23　atq 命令查看作业

【例 6-4】用 at 命令创建作业，再用 atq 命令查看作业。

具体操作步骤如下。

（1）用 at 命令创建两个作业，时间分别是 2018 年 7 月 4 日的 5:30 pm 和 6:30 pm。

（2）用 atq 命令查看作业安排。

显示结果如图 6-24 和图 6-25 所示。

```
[root@RHEL6 ~]# at 5:30 pm
at> hi
at> <EOT>
job 6 at 2018-07-04 17:30
[root@RHEL6 ~]# at 6:30 pm
at> hi
at> <EOT>
job 7 at 2018-07-04 18:30
```
图 6-24　at 命令创建作业

```
[root@RHEL6 ~]# atq
6        2018-07-04 17:30 a root
7        2018-07-04 18:30 a root
```
图 6-25　atq 命令查看作业

在该命令中，从左到右分别显示作业号、作业安排的日期和时间、作业执行情况（a 表示未执行）。

3. atrm

用户创建了作业后，可使用命令 atrm 删除作业。该命令语法如下。

atrm　作业号

其中作业号用数字表示，如图 6-25 所示的 6 和 7。

【例 6-5】用 atrm 删除例 6-4 中创建的作业 6。

具体操作步骤如下。

（1）输入命令：atrm 6。

（2）用 atq 命令查看结果。

显示结果如图 6-26 所示。

```
[root@RHEL6 ~]# atrm 6
[root@RHEL6 ~]# atq
7          2018-07-04 18:30 a root
```

图 6-26　atrm 命令删除作业

从图 6-26 可以看出，此时系统中只剩下作业 7，作业 6 已经被删除。

6.3.3　crontab 命令调度

1. crontab 的原理

与 6.3.2 节讲到的 at 命令不同，crontab 用于周期性地执行命令。在 Linux 中，如果用户要执行定期的作业，一般由 cron 来完成。cron 随系统启动而工作，不需要用户干预。当 cron 启动时，它会读取配置文件并将其保存在内存中，每间隔 1 分钟，cron 会重新检查配置文件，因此 cron 执行命令的最短周期是 1 分钟。

cron 的配置文件也就是 crontab，它被保存在 Linux 中的/var/spool/cron 目录下。crontab 配置文件保存 cron 的内容，共有 6 个字段，从左到右依次显示字段、分钟、时、日期、月和星期，如表 6-1 所示。

表 6-1　crontab 命令的格式

字段	分钟	时	日期	月	星期
取值	0~59	0~23	01~31	01~12	0~6，0 为星期天

值得注意的是，以上所有字段不能为空，字段之间应用空格分开，如果不指定字段，则使用"*"。

在日期格式的书写中，可以使用"-"表示一段时间，如"5-10"表示每个月的第 5 天到第 10 天都要执行该命令。此外，也可以用","表示特定的日期，如"1，15，28"表示每个月的 1 号、15 号和 28 号都要执行该命令。

2. crontab 命令的使用

crontab 命令的语法如下。

crontab（参数）

参数含义如下。

-e：用于创建并编辑 crontab 内容。

-l：显示创建好的 crontab 内容。

-r：删除 crontab 文件。

3. crontab 进程的启动

crontab 进程在系统启动时自动运行，并一直工作在后台，因此如果创建或者修改了 crontab 配置文件后，要用命令 service crond restart 来重启 crond 服务。

【例 6-6】用 crontab 命令创建配置作业，并编辑和重启 crond 服务。

具体操作步骤如下。

（1）在终端输入命令 crontab -e 启动 VI 文本编辑器，创建 crontab 文本，并输入内容 "0 7 * * * /bin/ls"，该命令表示在每天早上的 7 点准时执行/bin/ls，如图 6-27 和图 6-28 所示。

```
[root@RHEL6 ~]# crontab -e
```
图 6-27　输入命令 crontab

```
0 7 * * * /bin/ls
```
图 6-28　编辑内容

（2）保存退出。在输入文本内容并确认格式无误后，输入 ":"，接着输入保存命令 wq，再按 Enter 键保存退出，如图 6-29 所示。

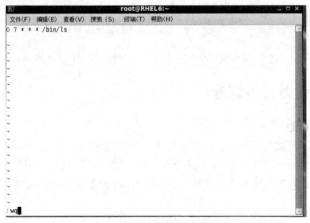

图 6-29　保存并退出

值得注意的是，在输入的文本中，每个数字与数字间，以及数字与 "*" 之间要用空格分开，否则该命令无法运行。

（3）查看 crontab 内容。在终端输入命令 crontab -l 后即可查看刚才创建的命令内容，如图 6-30 所示。

```
[root@RHEL6 ~]# crontab -l
0 7 * * * /bin/ls
```
图 6-30　查看命令内容

（4）重启 crond 服务。在终端输入命令 service crond restart 即可重启 crond 服务。如图 6-31 所示。

```
[root@RHEL6 ~]# service crond restart
停止 crond：                                        [确定]
正在启动 crond：                                    [确定]
```
图 6-31　重启 crond 服务

6.4　服务管理

6.4.1　服务管理简介

1. 服务的简介

Linux 系统的服务分为独立服务和基于 xinetd 的服务，独立服务相当于直接在内存中，只要用到这个服务，就会有响应；基于 xinetd 的服务不在内存中，需要 xinetd 去调取相应的服务。目前 xinetd

已经成为 Red Hat 中的超级守护进程，一旦客户端发出服务请求，守护进程就会为其提供相应的服务。

2. 服务的脚本介绍

在 Linux 中，每个服务都有对应的启动脚本，具体对应关系如下。

* /etc/rc.d/ini.d/：守护进程的运行目录，系统在安装时装了许多 rpm 包，这里面就有对应的脚本。执行这些脚本可以启动、停止、重启这些服务。如要对 xinetd 服务进行管理，可执行相应命令：/etc/rc.d/ini.d/xinetd start 用于 xinetd 服务的启动；/etc/rc.d/ini.d/xinetd stop 用于 xinetd 服务的停止；/etc/rc.d/ini.d/xinetd status 用于 xinetd 服务的查询。

* /etc/rc.d/rc.local：存放进程的初始化脚本，其目录名分别为 rc0.d-rc6.d，当系统启动或者进入某运行级别时，对应脚本中用于启动服务的脚本将自动运行。例如，用户要添加开机启动项，只需在/etc/rc.d/rc.local 文件中添加即可。

6.4.2 使用命令管理服务

1. 使用 service 命令管理服务

service 命令是 Red Hat Linux 兼容的发行版中用来控制系统服务的实用工具，主要用于启动、停止、重启和关闭系统服务，还可以显示所有系统服务的当前状态，它一般随系统的启动而自动启动。

service 命令的语法如下。

service（选项）（参数）

参数含义如下。

start：开启。

stop：停止。

reload：重新载入。

restart：重新启动。

示例如下。

service network status：查看网络状态。

service network start：启动网卡服务。

service mysqld status：查看 mysql 状态。

service mysqld start：启动 mysql。

service mysqld stop：停止 mysql。

值得注意的是，不是所有的 Linux 发行版本都支持 service 命令，主要在 Red Hat、Fedora、Mandriva 和 CentOS 中才有该命令。

【例 6-7】用命令列出 Linux 中所有的系统服务。

用 ls 命令查看，输入/etc/init.d/命令。结果如图 6-32 所示。

```
[root@RHEL6 ~]# ls /etc/init.d/
abrt-ccpp        cups           lvm2-monitor    postfix      rsyslog
abrtd            dnsmasq        mdmonitor       pppoe-server sandbox
abrt-oops        firstboot      messagebus      psacct       saslauthd
acpid            functions      netconsole      quota_nld    single
atd              haldaemon      netfs           rdisc        smartd
auditd           halt           network         rdma         spice-vdagentd
autofs           htcacheclean   NetworkManager  restorecond  sshd
blk-availability httpd          nfs             rhnsd        sssd
bluetooth        ip6tables      nfslock         rhsmcertd    sysstat
certmonger       iptables       nfs-rdma        rngd         udev-post
cgconfig         irqbalance     ntpd            rpcbind      wdaemon
cgred            kdump          ntpdate         rpcgssd      winbind
cpuspeed         killall        oddjobd         rpcidmapd    wpa_supplicant
crond            lvm2-lvmetad   portreserve     rpcsvcgssd   ypbind
```

图 6-32　Linux 中的系统服务

2. 使用 ntsysv 命令管理服务

ntsysv 命令提供了一个基于文本界面的菜单操作方式，集中管理系统不同的运行等级下的系统服务启动状态。

在终端中输入命令 ntsysv 即可进入服务启动界面，如图 6-33 所示。

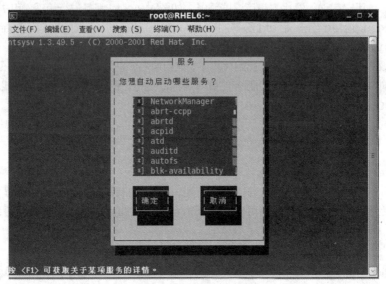

图 6-33　服务启动界面

在该界面中使用上下方向键可以将光标移动到相应的服务上，然后再使用空格键就可以选择该服务的启动与否。最后，使用 Tab 键选择"确定"或者"取消"，如图 6-34 所示。

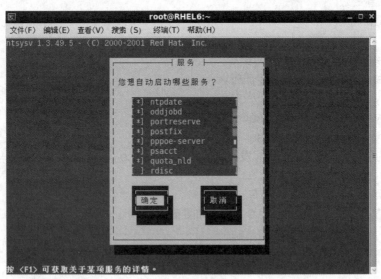

图 6-34　服务的选择

3. 使用 chkconfig 命令

chkconfig 命令主要用来更新（启动或停止）和查询系统服务的运行级信息。它是 Red Hat 公司遵循 GPL 规则所开发的程序，可查询操作系统在每一个执行等级中会执行哪些系统服务，包括各类常驻服务。值得注意的是，chkconfig 不是立即自动禁止或激活一个服务，它只是简单地改变了符号连接。

chkconfig 命令的常用语法如下。

```
chkconfig --add 服务名    //增加某个系统服务
chkconfig --del 服务名    //删除某个系统服务
chkconfig --list 服务名   //显示某个服务的状态
chkconfig --level 数字 服务名 （on 或 off）  //设置某个服务的开启或者关闭。其中数字为 1～6，on 表
示开启，off 表示关闭
```

【例 6-8】用命令 chkconfig --list 列出所有的系统服务。结果如图 6-35 所示。

```
[root@RHEL6 ~]# chkconfig --list
NetworkManager  0:关闭  1:关闭  2:启用  3:启用  4:启用  5:启用  6:关闭
abrt-ccpp       0:关闭  1:关闭  2:关闭  3:启用  4:关闭  5:启用  6:关闭
abrtd           0:关闭  1:关闭  2:关闭  3:启用  4:关闭  5:启用  6:关闭
acpid           0:关闭  1:关闭  2:启用  3:启用  4:启用  5:启用  6:关闭
atd             0:关闭  1:关闭  2:关闭  3:启用  4:启用  5:启用  6:关闭
auditd          0:关闭  1:关闭  2:启用  3:启用  4:启用  5:启用  6:关闭
autofs          0:关闭  1:关闭  2:关闭  3:启用  4:启用  5:启用  6:关闭
blk-availability          0:关闭  1:启用  2:启用  3:启用  4:启用  5:启用          6:关闭
bluetooth       0:关闭  1:关闭  2:关闭  3:启用  4:启用  5:启用  6:关闭
certmonger      0:关闭  1:关闭  2:关闭  3:启用  4:启用  5:启用  6:关闭
cgconfig        0:关闭  1:关闭  2:启用  3:启用  4:启用  5:启用  6:关闭
cgred           0:关闭  1:关闭  2:启用  3:启用  4:启用  5:启用  6:关闭
cpuspeed        0:关闭  1:启用  2:启用  3:启用  4:启用  5:启用  6:关闭
crond           0:关闭  1:关闭  2:启用  3:启用  4:启用  5:启用  6:关闭
cups            0:关闭  1:关闭  2:启用  3:启用  4:启用  5:启用  6:关闭
dnsmasq         0:关闭  1:关闭  2:关闭  3:关闭  4:关闭  5:关闭  6:关闭
firstboot       0:关闭  1:关闭  2:关闭  3:关闭  4:关闭  5:关闭  6:关闭
haldaemon       0:关闭  1:关闭  2:关闭  3:启用  4:启用  5:启用  6:关闭
htcacheclean    0:关闭  1:关闭  2:关闭  3:关闭  4:关闭  5:关闭  6:关闭
```

图 6-35　用命令 chkconfig --list 列出所有系统服务

【例 6-9】chkconfig 命令的综合应用。

具体操作步骤如下。

（1）用命令 chkconfig --add 增加服务 sssd。

（2）使用 level 开启服务，将 2345 开启。

（3）查看该服务。

显示结果如图 6-36 所示。

```
[root@RHEL6 ~]# chkconfig --add sssd
[root@RHEL6 ~]# chkconfig --list sssd
sssd            0:关闭  1:关闭  2:关闭  3:关闭  4:关闭  5:关闭  6:关闭
[root@RHEL6 ~]# chkconfig --level 2345 sssd on
[root@RHEL6 ~]# chkconfig --list sssd
sssd            0:关闭  1:关闭  2:启用  3:启用  4:启用  5:启用  6:关闭
```

图 6-36　chkconfig 综合应用

6.5　小结

（1）Linux 系统在开机后要经历以下步骤才能完成整个启动的流程：BIOS 自检、系统引导、内核引导和启动以及 init 系统初始化。

（2）进程是操作系统中较为抽象的概念，用来表示正在运行的程序。在 Linux 中的进程是具有独立功能的程序的运行过程，是系统进行资源分配的基本单位。在系统中可一次性地运行多个进程，Linux 在创建进程时会为每个进程分配一个唯一的进程号（PID）以便区分。

（3）在 Linux 中启动进程的用户或管理员用户可以修改进程的优先级。普通用户只能调低优先级，超级用户既可以调高优先级也可以调低优先级。Linux 中的进程优先级取值用英文字母 nice 表示，nice 的取值为-20～19，值越低，优先级越高，默认为 0。

（4）在 Linux 中可以用 Shell 命令来实现进程的管理与监控，常见的命令有 jobs 命令、ps 命令、top 命令、kill 命令、nice 命令、free 命令等。

（5）Linux 系统允许用户在特定的时间自动执行指定的任务，也允许用户对任务进行合理的安排，从而提高资源利用率，均衡系统的负载，最终实现系统管理的自动化。常见的命令有 at 命令、atq 命令、atrm 命令以及 crontab 命令等。

（6）Linux 系统的服务分为独立服务和基于 xinetd 的服务，常见的服务命令有 service 命令、ntsysv 命令及 chkconfig 命令等。

6.6 实训 系统管理综合实训

1. 实训目的

（1）掌握 Linux 中进程管理的基本命令。

（2）掌握 Linux 中进程调度的基本命令。

（3）掌握 Linux 中服务管理的命令。

2. 实训内容

（1）登录 Linux，启动 Shell。

（2）使用 ps 命令查看系统进程。

（3）使用 top 命令跟踪系统进程。

（4）在图形界面中查看系统进程。

（5）使用 at 命令创建不同的作业。

（6）使用 atq 命令查看系统作业。

（7）使用 atrm 命令删除作业。

（8）使用 crontab 命令执行进程的调度。

（9）使用 service 命令查看系统服务。

（10）使用 ntsysv 命令管理服务。

（11）使用 chkconfig 命令管理系统服务。

（12）使用图形化界面管理服务。

6.7 习题

1. 选择题

（1）Linux 系统的运行级别有（ ）个。

    A. 4　　　　　　　　B. 5　　　　　　　　C. 6　　　　　　　　D. 7

（2）runlevel，也叫做（ ）。

    A. 运行级别　　　　B. 运行参数　　　　C. 运行数据　　　　D. 运行资源

（3）nice 的取值为（ ）。

    A. 0～10　　　　　　B. -20～19　　　　　C. -10～10　　　　　D. 无限

（4）PID 的含义是（ ）。

    A. 进程的启动　　　B. 进程的关闭　　　C. 进程标识　　　　D. 进程属性

（5）ps 命令用于显示（　　）。

    A. 进程的状态　　　B. 进程的名称　　　C. 进程的属性　　　D. 进程的开启

（6）kill 命令用于（　　）。

    A. 终止进程　　　　B. 开启进程　　　　C. 显示进程　　　　D. 打开进程

（7）who 命令用于（　　）。

    A. 查看当前已登录的所有用户　　　　B. 查看所有用户

    C. 显示用户　　　　　　　　　　　　D. 注销用户

（8）at 命令用于（　　）。

    A. 设置时间　　　　　　　　　　　　B. 设置用户

    C. 设置进程　　　　　　　　　　　　D. 设置指定时间执行的命令

（9）当用户创建了作业后，可使用（　　）命令来删除作业。

    A. atrm　　　　　　B. at　　　　　　C. atm　　　　　　D. aty

（10）chkconfig --add 的含义是（　　）。

    A. 增加某个系统服务　　　　　　　　B. 删除某个系统服务

    C. 修改某个系统服务　　　　　　　　D. 显示目录的路径

2. 简答题

（1）简述 Linux 启动的步骤。

（2）简述 top 命令和 ps 命令的特点。

（3）简述 crontab 命令的使用方法。

第7章

软件包管理

07

【本章导读】

本章首先介绍了对文件进行打包、压缩、解打包和解压缩的文件备份归档命令 tar，然后介绍了归档管理器的使用，最后介绍了软件包管理命令 rpm 的使用。

【本章要点】

① 文件备份归档命令 tar 的使用
② 归档管理器的使用

③ 软件包管理命令 rpm 的使用

////// 7.1 使用文件备份归档命令

7.1.1 tar 命令简介

文件备份归档命令 tar 可以将多个文件或目录打包成一个扩展名为.tar 的文件，同时也可以将.tar 文件在指定位置进行解打包来还原文件。tar 命令本身只负责打包文件或目录，不负责压缩，但是 tar 命令可以调用其他压缩程序如 gzip/bzip2（不同的压缩算法），在打包的同时对.tar 文件进行压缩，在解打包的同时进行解压缩。

tar 命令是 UNIX/Linux 系统中备份归档文件的可靠方法，几乎可以工作于任何环境中，它的使用权限是所有用户。该命令的选项和参数比较多，在下面的内容中仅介绍部分常用的选项和参数。更多选项和参数的用法可以使用 man tar 指令查询。

tar 命令的主要使用格式如下。

tar 选项 文件或目录列表

常用选项与参数如下。

-c：建立打包文件。
-t：查看打包文件中的文件列表。
-x：解打包文件。
-j：通过 bzip2（压缩算法）的支持进行压缩/解压缩。
-z：通过 gzip（压缩算法）的支持进行压缩/解压缩。
-v：在压缩/解压缩的过程中，将正在处理的文件名显示出来。

–f 文件名: –f 后面是打包或压缩的文件名。

–C 目录: 指定解打包或解压缩的目录,默认为当前目录。

7.1.2　tar 命令打包和压缩

1. 用 tar 命令实现打包

其基本使用格式如下。

```
tar  [-cv] [-f 打包文件] 要被打包的文档或目录名称...
```

常用的选项组合为:

```
tar  –cvf  filename.tar 要被打包的文档或目录名称...
```

filename.tar 是要生成的文档名。tar 命令不会自动产生文档名,一定要自己定义。

【例 7-1】在当前用户的主目录中有 2 个文件 test1.txt 和 test2.txt,将它们进行打包,文件名为 test.tar,并存放到/tmp 目录中。

执行打包的 tar 命令:

```
[root@RHEL6 ~]# tar  –cvf  /tmp/test.tar  test1.txt  test2.txt
test1.txt
test2.txt
[root@RHEL6 ~]#
```

tar 命令可对多个文件同时进行打包,多个文件用空格符号分隔。

查看打包结果文件:

```
[root@RHEL6 ~]# ls  –l  /tmp/test.tar
-rw-r--r--. 1 root root 10240 1 月　19 15:23 /tmp/test.tar
[root@RHEL6 ~]#
```

在上述示例中,选项 c 表示创建打包文件;选项 v 表示在打包过程中将正在处理的文件名动态地显示出来;选项 f 后面接的参数是生成的文档名和其存放路径(/tmp/test.tar);文件 test1.txt 和 test2.txt 是被打包的文件。

【例 7-2】在当前用户的主目录中有 2 个目录——dir1 和 dir2,目录中分别有文件 test1.txt 和 test2.txt,将这 2 个目录进行打包,文件名为 dir.tar,并存放到/tmp 目录中。

执行打包的 tar 命令:

```
[root@RHEL6 ~]# tar  –cvf  /tmp/dir.tar  dir1  dir2
dir1/
dir1/test1.txt
dir2/
dir2/test2.txt
[root@RHEL6 ~]#
```

tar 命令可对多个目录同时进行打包,多个目录用空格符号分隔。

查看打包结果文件:

```
[root@RHEL6 ~]# ls  –l  /tmp/dir.tar
-rw-r--r--. 1 root root 10240 1 月　19 15:30 /tmp/dir.tar
[root@RHEL6 ~]#
```

137

【例 7-3】在当前用户的主目录中有 1 个文件 test1.txt 和 1 个目录 dir1，在目录 dir1 中另外也有文件 test1.txt，将这些目录和文件进行打包，文件名为 testdir.tar，并存放到/tmp 目录中。

执行打包的 tar 命令：

```
[root@RHEL6 ~]# tar  -cvf  /tmp/testdir.tar    test1.txt    dir1
test1.txt
dir1/
dir1/test1.txt
[root@RHEL6 ~]#
```

tar 命令可对多个文件和目录同时进行打包，多个文件以及目录间用空格符号分隔。

查看打包结果文件：

```
[root@RHEL6 ~]# ls   -l   /tmp/testdir.tar
-rw-r--r--. 1 root root 10240 1 月   19 15:38 /tmp/testdir.tar
[root@RHEL6 ~]#
```

2. 用 tar 命令实现打包与压缩同时进行

基本使用格式如下。

```
tar   [-cv] [-j|-z] [-f 压缩文件] filename...
```

常用的选项组合如下。

```
tar –cvjf filename.tar. bz2   要被压缩的文档或目录名称
tar –cvzf filename.tar. gz   要被压缩的文档或目录名称
```

filename.tar.gz 和 filename.tar.bz2 是要生成的文档名。tar 不会自动产生文档名，一定要自己定义。

如果选项是-j，代表有 bzip2 压缩算法的支持，因此文档名最好取为*.tar.bz2；如果选项是-z，则代表有 gzip 压缩算法的支持，那文档名最好取为*.tar.gz。这样，有没有压缩，用哪种算法进行压缩，可以通过文档的扩展名反映出来。Linux 中的扩展名和 Windows 中的扩展名不是同一个概念，Linux 中的文件扩展名仅仅是为了方便用户理解文件的类型，并不代表文件的类型。

【例 7-4】在当前用户的主目录中有 2 个文件 test1.txt 和 test2.txt，2 个目录 dir1 和 dir2，在目录 dir1 和 dir2 中也分别有文件 test1.txt 和 test2.txt，将这些目录和文件进行压缩，使用-z 选项，文件名为 testdir.tar.gz，并存放到/tmp 目录中。

执行压缩的 tar 命令：

```
[root@RHEL6 ~]# tar  –cvzf  /tmp/testdir.tar.gz  test1.txt  test2.txt  dir1  dir2
test1.txt
test2.txt
dir1/
dir1/test1.txt
dir2/
dir2/test2.txt
[root@RHEL6 ~]#
```

tar 命令可以对多个文件和目录进行压缩，文件以及目录间用空格分隔。

查看打包结果文件：

```
[root@RHEL6 ~]# ls  -l /tmp/testdir.tar.gz
```

```
-rw-r--r--. 1 root root 499 1月   19 15:52 /tmp/testdir.tar.gz
[root@RHEL6 ~]#
```

上述例子中，选项-z 表示使用 gzip 压缩算法。

【例 7-5】使用 tar 命令对/etc 目录进行打包压缩，使用选项-z，文件名为 etc.tar.gz，并存放到 /tmp 目录下。

执行打包压缩的 tar 命令：

```
[root@RHEL6 桌面]# tar  -cvzf  /tmp/etc.tar.gz /etc
```

查看打包压缩结果：

```
[root@RHEL6 ~]# ls  -l  /tmp/etc.tar.gz
-rw-r--r--. 1 root root 38881280 1月   19 14:55 /tmp/etc.tar.gz
[root@RHEL6 ~]#
```

在上述例子中，选项-z 表示使用 gzip 压缩算法。

7.1.3 tar 命令解打包和解压缩

1. 用 tar 命令实现解打包

其基本使用格式如下。

```
tar  [-xv] [-f  打包文件] [-C 目录]
```

常用的选项组合如下：

```
tar -xvf filename.tar  -C  欲解打包与解压缩的目录
```

【例 7-6】将例 7-1 中打包的文件 test.tar 解打包到/root 目录中。

```
[root@RHEL6 ~]#tar  -xvf  /tmp/test.tar  -C  /root
test1.txt
test2.txt
[root@RHEL6 ~]#
```

2. 用 tar 命令实现解打包和解压缩同时进行

其基本使用格式如下。

```
tar  [-xv] [-j|-z] [-f 压缩文件] [-C 目录]
```

常用的选项组合如下：

```
tar -xvzf  filename.tar.gz -C  欲解打包与解压缩的目录
tar -xvjf  filename.tar.bz2 -C  欲解打包与解压缩的目录
```

【例 7-7】将例 7-5 中压缩的文件 etc.tar.gz 解压缩到当前目录中。
执行如下命令。

```
[root@RHEL6 ~]#tar  -xvzf  /tmp/etc.tar.gz
```

此时没有指定解压缩的路径，则该打包压缩文件 etc.tar.gz 会被解压缩到当前目录中。

【例 7-8】将例 7-5 中压缩的文件 etc.tar.gz 解压缩到目录/etc 中。
执行如下命令。

```
[root@RHEL6 ~]# tar  -xvzf  /tmp/etc.tar.gz  -C  /etc
```

如果要将压缩文件解压缩到指定目录中，需要使用-C 选项。

7.2 使用归档管理器

7.2.1 归档管理器简介

对文件及目录的打包、压缩、解打包和解压缩等操作，除了可以使用命令的方式外，也可以使用图形界面的方式来进行操作。归档管理器是一种能够实现上述功能的实用程序。

在命令行输入 file-roller，即可启动归档管理器，如图 7-1 所示。

```
[root@RHEL6 ~]# file-roller
```

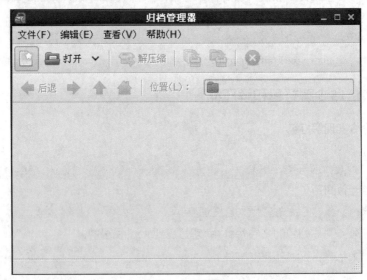

图 7-1　归档管理器

在图 7-1 中，可选择文件或目录进行打包、压缩处理，也可以选择打包文件或压缩文件进行解打包或解压缩处理。

7.2.2 归档管理器打包和压缩

归档管理器是一种用图形化方式进行打包、压缩、解打包和解压缩的实用程序。

1. 用归档管理器进行打包

【例 7-9】将例 7-1 中的 2 个文件用归档管理器进行打包处理。

具体操作步骤如下。

（1）在命令行输入 file-roller，启动归档管理器，弹出"归档管理器"主窗口，如图 7-1 所示。在"归档管理器"主窗口中选择主菜单"文件"→"新建"命令，弹出"新建"窗口，在"名称"文本框中输入 test.tar，在"位置"列表框中选择"文件系统"，在"名称"列表框中双击 tmp，在"归档文件类型"下拉列表框中选择"未压缩的 Tar(.tar)"，操作结果如图 7-2 所示。

（2）在图 7-2 中单击"创建"按钮，弹出"test.tar"窗口，显示要打包到 test.tar 的文件列表，默认为空，如图 7-3 所示。

（3）在图 7-3 的窗口中，选择主菜单"编辑"→"添加文件"命令，弹出"添加文件"对话框，选择要打包的文件 test1.txt 和 test2.txt，如图 7-4 所示。

图 7-2　新建打包文件

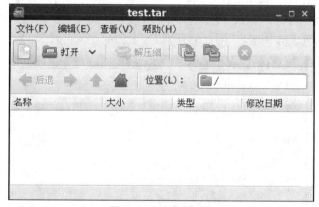

图 7-3　打包文件列表

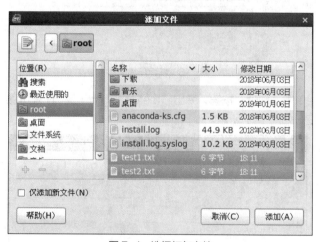

图 7-4　选择打包文件

（4）在图 7-4 中单击"添加"按钮，回到 test.tar 窗口。此时成功创建打包文件 test.tar，打包文件列表显示在主窗口中，如图 7-5 所示。

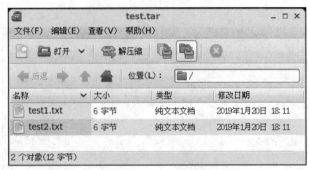

图 7-5　打包文件列表

2. 用归档管理器进行压缩

【例 7-10】对例 7-4 中的 2 个文件和 2 个目录用归档管理器进行压缩处理。

具体操作步骤如下。

（1）在命令行输入 file-roller，启动归档管理器，弹出"归档管理器"主窗口，如图 7-1 所示。在"归档管理器"主窗口中选择主菜单"文件"→"新建"命令，弹出"新建"窗口，在"名称"文本框中输入 testdir.tar.gz，在"位置"列表框中选择"文件系统"，在"名称"列表框中双击 tmp，在"归档文件类型"下拉列表框中选择"用 gzip 压缩的 Tar(.tar.gz)"，操作结果如图 7-6 所示。

图 7-6　新建压缩文件

（2）在图 7-6 中单击"创建"按钮，弹出"testdir.tar.gz"窗口，显示要压缩到 testdir.tar.gz 的文件列表，默认为空，如图 7-7 所示。

图 7-7　压缩文件列表

（3）在如图 7-7 所示的窗口中，选择主菜单"编辑"→"添加文件夹"命令，弹出"添加文件夹"对话框，选择要压缩的文件夹 dir1，如图 7-8 所示。在这个对话框中，一次只能添加一个文件夹，多个文件夹要分多次添加。

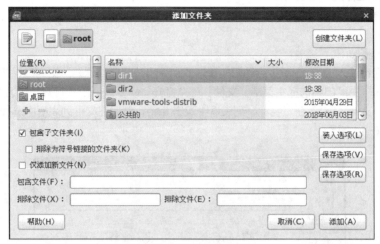

图 7-8　选择要压缩的文件夹

（4）在图 7-8 中单击"添加"按钮，回到"testdir.tar.gz"窗口，显示添加的目录 dir1，如图 7-9 所示。

图 7-9　压缩文件中的文件夹

（5）继续添加文件夹 dir2 以及文件 test1.txt 和 test2.txt，成功创建压缩文件 testdir.tar.gz，该压缩文件中的文件及文件夹列表显示在主窗口中，如图 7-10 所示。

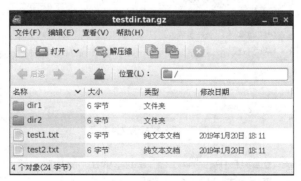

图 7-10　压缩文件中的文件及文件夹列表

7.2.3 归档管理器解打包和解压缩

1. 用归档管理器进行解打包

【例 7-11】使用归档管理器将例 7-9 中创建的打包文件 test.tar 解打包，解打包出来的文件存放到目录/tmp 中。

具体操作步骤如下。

（1）在命令行输入 file-roller，启动归档管理器，弹出"归档管理器"主窗口，如图 7-1 所示。在"归档管理器"主窗口中选择主菜单"文件"→"打开"命令，弹出"打开"对话框，在"位置"列表框中选择"文件系统"，在"名称"列表框中双击 tmp，然后在文件列表框中选择文件 test.tar，操作结果如图 7-11 所示。

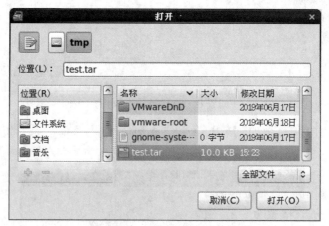

图7-11 选择解打包文件

（2）在图 7-11 中单击"打开"按钮，回到"test.tar"主窗口，显示打包文件中的文件列表，如图 7-12 所示。

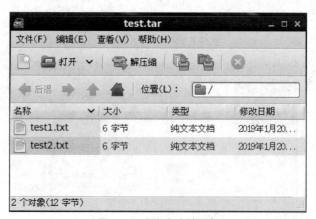

图7-12 解打包文件列表

（3）在图 7-12 中，单击工具栏中的"解压缩"图标，弹出"解压缩"对话框，选择存放位置/tmp，操作结果如图 7-13 所示，最后单击"解压缩"按钮，完成对 test.tar 文件的解打包操作。

图 7-13　选择解打包位置

2. 用归档管理器进行解压缩

【例 7-12】对例 7-10 中的压缩文件 testdir.tar.gz 用归档管理器进行解压缩，解压缩的文件及文件夹存放到目录/tmp 中。

具体操作步骤如下。

（1）在命令行输入 file-roller，启动归档管理器，弹出"归档管理器"主窗口，如图 7-1 所示。在"归档管理器"主窗口中选择主菜单"文件"→"打开"命令，弹出"打开"对话框，在"位置"列表框中选择"文件系统"，在"名称"列表框中双击 tmp，然后选择文件 testdir.tar.gz，操作结果如图 7-14 所示。

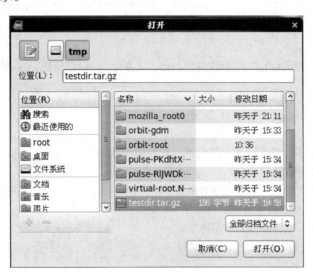

图 7-14　选择解压缩文件

（2）在图 7-14 中单击"打开"按钮，回到"testdir.tar.gz"窗口，显示压缩文件中的文件及文件夹列表，如图 7-15 所示。

（3）在图 7-15 中，单击工具栏中的"解压缩"图标，弹出"解压缩"对话框，选择存放位置/tmp，如图 7-16 所示，最后单击"解压缩"按钮，完成对 testdir.tar.gz 文件的解压缩操作。

145

图 7-15　文件及文件夹列表

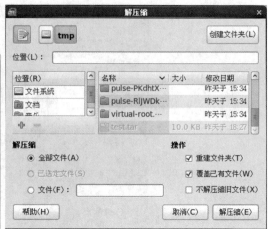

图 7-16　选择解压缩位置

7.3　使用软件包管理命令

7.3.1　RPM 命令简介

Linux 的软件包格式主要分为 RPM、TarBall 和 Deb 三大类。RPM（Red Hat Package Manager）是 Red Hat Linux 的软件包格式，文件后缀名是.rpm。TarBall 是 Slackware Linux 的软件包格式，文件后缀名是.tar.gz 或.tgz。Deb 是 GNU/Linux Debian 的软件包格式，文件后缀名为.deb。

RPM 格式是目前使用最广泛的 Linux 安装程序格式。RPM 软件管理机制是由 Red Hat 公司开发出来的。RPM 是以数据库记录的方式，将所需要的软件安装到 Linux 系统的一套管理机制。

RPM 软件包的主要功能包括查询软件包、安装软件包、升级软件包、删除软件包和检验软件包等软件的管理操作。

7.3.2　RPM 命令的使用

RPM 命令功能繁多，这里就常见的查询、安装和删除功能进行介绍说明。

1．RPM 命令查询软件包

RPM 命令可以查询系统中已安装的所有软件包，也可以查询指定软件包是否已安装，包括可以根据关键词模糊查询软件包是否已安装。

RPM 命令查询软件包的基本格式如下。

rpm　-q [选项]　[软件包名称]

常用选项如下。

-a：查询所有安装的软件包。

-i：查询软件包的版本等信息。

-f：查询文件所属软件包。

-l：列出软件包所包含的文件。

【例 7-13】查询 Linux 系统中是否安装 gnome-user-share-2.28.2-3.el6.i686 软件。

gnome-user-share 软件在 RHEL 6.9 中是默认安装的，其版本是 2.28.2-3，可以按照下面的方法进行查询：

```
[root@RHEL6 ~]# rpm  -q  gnome-user-share-2.28.2-3.el6.i686
gnome-user-share-2.28.2-3.el6.i686
[root@RHEL6 ~]#
```

上面的结果显示，已经成功安装了软件包 gnome-user-share-2.28.2-3.el6.i686。

如果不清楚软件的版本号究竟是多少，可以根据一些关键词，结合-a 选项、管道命令及 grep 指令进行模糊查询。如查询跟 share 有关的软件包，可执行如下命令。

```
[root@RHEL6 ~]# rpm -qa | grep share
shared-mime-info-0.70-6.el6.i686
gnome-user-share-2.28.2-3.el6.i686
[root@RHEL6 ~]#
```

上面的结果显示，系统中已安装的跟 share 有关的软件包有 2 个。

【例 7-14】查询 Linux 系统中 gnome-user-share-2.28.2-3.el6.i686 软件包的安装日期。

利用-i 选项，结合管道命令及 grep 命令来进行查询。

```
[root@RHEL6 ~]# rpm -qi  gnome-user-share | grep  "Install Date"
Install Date: 2018 年 06 月 03 日 星期日 18 时 14 分 07 秒       Build Host:
hs20-bc2-3.build.redhat.com
[root@RHEL6 ~]#
```

上面的结果显示，gnome-user-share-2.28.2-3.el6.i686 软件包的安装日期是：2018 年 06 月 03 日星期日 18 时 14 分 07 秒。

2. RPM 命令安装软件包

RPM 命令可以安装软件包，其基本格式如下。

```
rpm  -i [选项] <软件包名称>
```

常用选项如下。

-v：显示更详细的安装过程信息。

-h：显示安装进度。

【例 7-15】安装 RHEL 6.9 安装光盘中的 Samba 服务器软件。

RHEL 6.9 的 Samba 服务器软件名为 samba-3.6.23-41.el6.i686.rpm，路径为安装光盘根目录下的 Packages 目录。先进入安装光盘的 Packages 目录，执行如下命令。

```
[root@RHEL6 Packages]# rpm  -ivh  samba-3.6.23-41.el6.i686.rpm
warning: samba-3.6.23-41.el6.i686.rpm: Header V3 RSA/SHA256 Signature, key ID fd431d51:
NOKEY
Preparing...               ########################################### [100%]
   1:samba                 ########################################### [100%]
[root@RHEL6 Packages]#
```

上面的结果显示，Samba 服务器软件已经安装成功。

3. RPM 命令删除软件包

RPM 命令可以删除软件包，其基本格式如下。

```
rpm -e  <软件名称>
```

【例 7-16】将例 7-15 安装的 samba-3.6.23-41.el6.i686.rpm 软件包删除。

```
[root@RHEL6 Packages]# rpm  -e  samba-3.6.23
[root@RHEL6 Packages]#
```

在对软件包进行删除的时候，在选项-e 后只需写出"软件名+版本号"就可以了。

【例 7-17】删除 Linux 系统中的 httpd-2.2.15 服务器软件。

```
[root@RHEL6 Packages]# rpm  -e  httpd-2.2.15
error: Failed dependencies:
httpd >= 2.2.0 is needed by (installed) gnome-user-share-2.28.2-3.el6.i686
[root@RHEL6 Packages]#
```

部分软件在安装的时候由于依赖关系不能删除，这时需要将存在依赖关系的软件先删除或使用选项--nodeps，才能将该软件删除。

```
[root@RHEL6 Packages]# rpm  -e  --nodeps  httpd-2.2.15
[root@RHEL6 Packages]#
```

一般情况下，不要采用这样的强制方式删除软件。在本例中，强制删除 httpd-2.2.15 软件包，则跟这个软件包有依赖关系的 gnome-user-share 软件将不能使用。

7.4　小结

（1）tar 命令用于文件及目录的打包、解打包、压缩和解压缩。
（2）归档管理器是以图形化方式对文件及目录打包、解打包、压缩和解压缩。
（3）RPM 命令用于软件包的查询、安装及删除等管理操作。

7.5　实训　软件包管理综合实训

1．实训目的
（1）掌握 tar 命令的使用方法。
（2）掌握归档管理器的使用方法。
（3）掌握 RPM 命令的使用方法。

2．实训内容
（1）使用 tar 命令，加入参数-z（压缩）来打包并压缩/home 目录为文件 home.tar.gz，存放到/tmp 目录下。
（2）使用 tar 命令查看上面的操作中打包并压缩的文件 home.tar.gz 的内容。
（3）使用 tar 命令将上面的操作中打包并压缩的文件 home.tar.gz 解压缩到目录/tmp 中。
（4）使用归档管理器打包并压缩/etc 目录，存放到/var 目录下。
（5）使用归档管理器查看上面的操作中打包并压缩的文件 home.tar.gz 的内容。
（6）使用归档管理器将上面操作中产生的打包并压缩的文件 home.tar.gz 解打包解压缩，产生的文件夹 home 存放到/var 目录下。
（7）找出 Linux 系统中是否安装有 logrotate 这个软件。
（8）列出软件 logrotate 所提供的所有目录与文档。
（9）列出 logrotate 这个软件的相关说明数据。
（10）卸载 logrotate 软件包。

7.6 习题

1. 选择题

（1）如果要将当前目录中的文件 test1.txt 和 test2.txt 打包成 test.tar，存放到/tmp 目录中，应该使用（　　）命令来实现。

    A. tar –cvf /tmp/test.tar test1.txt test2.txt

    B. tar –cvf test1.txt test2.txt /tmp/test.tar

    C. tar –cvzf /tmp/test.tar test1.txt test2.txt

    D. tar –cvzf test1.txt test2.txt /tmp/test.tar

（2）如果要将/tmp 目录中的 tar 包文件 test.tar 解打包存放到当前目录中，应该使用（　　）命令来实现。

    A. tar –cvf /tmp/test.tar   B. tar –xvf /tmp/test.tar

    C. tar –cvzf /tmp/test.tar   D. tar –xvzf /tmp/test.tar

（3）如果要将当前目录中的文件 file1 和 file2 压缩成文件 test.tar.gz，存放到/tmp 目录中，应该使用（　　）命令来实现。

    A. tar –cvf /tmp/file.tar file1 file2   B. tar –cvf file1 file2 /tmp/test.tar

    C. tar –cvzf /tmp/test.tar.gz file1 file2   D. tar –cvzf file1 file2 /tmp/test.tar

（4）如果要将/tmp 目录中的压缩包文件 file.tar.gz 解压缩存放到当前目录中，应该使用（　　）命令来实现。

    A. tar –cvf /tmp/file.tar.gz   B. tar –xvf /tmp/file.tar.gz

    C. tar –cvzf /tmp/file.tar.gz   D. tar –xvzf /tmp/file.tar.gz

（5）命令 rpm –e vsftpd 的作用是（　　）。

    A. 安装软件包 vsftpd   B. 升级软件包 vsftpd

    C. 卸载软件包 vsftpd   D. 查询软件包 vsftpd

2. 填空题

（1）tar 命令可对文件及目录进行_____、_____、_____和_____操作。

（2）Linux 的软件包的扩展名主要有_____、_____、_____三种格式。

（3）查询系统中所有安装软件的命令格式为：_____。

3. 简答题

（1）对文件、目录进行打包和压缩有何异同？

（2）如何查询 Linux 系统中以字母 c 开头的软件有哪些？

（3）如何知道 RHEL 6.9 系统中的配置文件/etc/samba/smb.conf 是由哪个软件安装的？

第8章

Linux应用软件

【本章导读】

本章重点介绍了 OpenOffice 办公套件，然后介绍了电子文档阅读软件，接着介绍了网络应用及媒体软件，主要包括网页浏览器、媒体播放器等，最后详细介绍了图形图像处理工具 GIMP。

【本章要点】

① OpenOffice 办公套件
② 电子文档阅读软件
③ 网页浏览器

④ 媒体播放器
⑤ 图像捕获工具
⑥ GIMP 工具

8.1 办公套件 OpenOffice

8.1.1 办公套件 OpenOffice 的安装

套件 OpenOffice 是 Sun 公司发布的一款开源 Office 办公套件，能在多种操作系统上运行，例如 Windows、Linux、Solaris 等。OpenOffice 的主要模块有 Writer（文本文档）、Impress（演示文稿）、Calc（电子表格）、Draw（绘图）、Math（公式）、Base（数据库）。OpenOffice 的安装非常便捷，直接去官网下载 OpenOffice 的 Linux 版本*.rpm 安装包，把下载好的安装包复制到安装的目录下，然后解压安装即可。具体安装步骤如下。

（1）解压 OpenOffice 安装包，使用命令：

```
tar -xzvf  Apache_OpenOffice_4.1.4_Linux_x86-64_install-rpm_zh-CN.tar.gz
```

（2）解压后生成一个名为 zh-CN 的文件夹，zh-CN 文件夹里包含了 RPMS 文件夹，进入到 RPMS 文件夹下，然后开始安装，如图 8-1 所示。

（3）运行命令：rpm –ivh *.rpm，如图 8-2 所示。

（4）OpenOffice 包安装结束后需要启动 openof 服务，使用命令：soffice -headless -accept= "socket,host=127.0.0.1,port=8100;urp;" -nofirststartwizard &。值得注意的是，OpenOffice 安装的默认路径目录是/opt，在执行上述启动命令时，需要切换到 OpenOffice 安装的路径目录（默认为 /opt/openoffice4/program）。OpenOffice 服务启动是否成功可以用命令验证：netstat-nlp | grep 8100，如图 8-3 所示。

```
[root@localhost RPMS]# ls -l
总用量 147460
drwxrwxrwx. 2 root root      4096 8月   15 18:23 ███████████████
-rwxrwxrwx. 1 root root    149122 12月  12 2017 openoffice-4.1.5-9789.x86_64.rpm
-rwxrwxrwx. 1 root root   2921551 12月  12 2017 openoffice-base-4.1.5-9789.x86_64.rpm
-rwxrwxrwx. 1 root root      2633 12月  12 2017 openoffice-brand-base-4.1.5-9789.x86_64.rpm
-rwxrwxrwx. 1 root root      2632 12月  12 2017 openoffice-brand-calc-4.1.5-9789.x86_64.rpm
-rwxrwxrwx. 1 root root      2629 12月  12 2017 openoffice-brand-draw-4.1.5-9789.x86_64.rpm
-rwxrwxrwx. 1 root root      2659 12月  12 2017 openoffice-brand-impress-4.1.5-9789.x86_64.rpm
-rwxrwxrwx. 1 root root      2631 12月  12 2017 openoffice-brand-math-4.1.5-9789.x86_64.rpm
-rwxrwxrwx. 1 root root      2644 12月  12 2017 openoffice-brand-writer-4.1.5-9789.x86_64.rpm
-rwxrwxrwx. 1 root root      9334 12月  12 2017 openoffice-brand-zh-CN-4.1.5-9789.x86_64.rpm
-rwxrwxrwx. 1 root root   5888188 12月  12 2017 openoffice-calc-4.1.5-9789.x86_64.rpm
-rwxrwxrwx. 1 root root  22935306 12月  12 2017 openoffice-core01-4.1.5-9789.x86_64.rpm
-rwxrwxrwx. 1 root root    307465 12月  12 2017 openoffice-core02-4.1.5-9789.x86_64.rpm
-rwxrwxrwx. 1 root root   7905566 12月  12 2017 openoffice-core03-4.1.5-9789.x86_64.rpm
-rwxrwxrwx. 1 root root  35636561 12月  12 2017 openoffice-core04-4.1.5-9789.x86_64.rpm
-rwxrwxrwx. 1 root root  17223783 12月  12 2017 openoffice-core05-4.1.5-9789.x86_64.rpm
-rwxrwxrwx. 1 root root  15263773 12月  12 2017 openoffice-core06-4.1.5-9789.x86_64.rpm
-rwxrwxrwx. 1 root root      9300 12月  12 2017 openoffice-core07-4.1.5-9789.x86_64.rpm
-rwxrwxrwx. 1 root root      4767 12月  12 2017 openoffice-draw-4.1.5-9789.x86_64.rpm
-rwxrwxrwx. 1 root root     74211 12月  12 2017 openoffice-gnome-integration-4.1.5-9789.x86_64.rpm
-rwxrwxrwx. 1 root root    209755 12月  12 2017 openoffice-graphicfilter-4.1.5-9789.x86_64.rpm
-rwxrwxrwx. 1 root root  10357590 12月  12 2017 openoffice-images-4.1.5-9789.x86_64.rpm
-rwxrwxrwx. 1 root root    106473 12月  12 2017 openoffice-impress-4.1.5-9789.x86_64.rpm
```

图 8-1　RPMS 文件夹包含的内容

```
[root@localhost RPMS]# rpm -ivh *.rpm
Preparing...                          ########################################### [100%]
   1: openoffice-ure                  ########################################### [  2%]
   2: openoffice-core01               ########################################### [  5%]
   3: openoffice-zh-CN                 ########################################### [  7%]
   4: openoffice-impress              ########################################### [ 10%]
   5: openoffice-zh-CN-base           ########################################### [ 12%]
   6: openoffice-zh-CN-calc           ########################################### [ 15%]
   7: openoffice-zh-CN-draw           ########################################### [ 17%]
   8: openoffice-zh-CN-help           ########################################### [ 20%]
   9: openoffice-zh-CN-impres#################################################### [ 22%]
  10: openoffice-zh-CN-math           ########################################### [ 24%]
  11: openoffice-zh-CN-res            ########################################### [ 27%]
  12: openoffice-zh-CN-writer############################################### [ 29%]
  13: openoffice-base                 ########################################### [ 32%]
  14: openoffice-calc                 ########################################### [ 34%]
  15: openoffice-core02               ########################################### [ 37%]
  16: openoffice-core03               ########################################### [ 39%]
  17: openoffice-core04               ########################################### [ 41%]
  18: openoffice-core05               ########################################### [ 44%]
  19: openoffice-core06               ########################################### [ 46%]
  20: openoffice-core07               ########################################### [ 49%]
  21: openoffice-draw                 ########################################### [ 51%]
  22: openoffice-images               ########################################### [ 54%]
  23: openoffice                      ########################################### [ 56%]
  24: openoffice-math                 ########################################### [ 59%]
  25: openoffice-writer               ########################################### [ 61%]
  26: openoffice-brand-writer############################################### [ 63%]
  27: openoffice-brand-math           ########################################### [ 66%]
  28: openoffice-brand-base           ########################################### [ 68%]
  29: openoffice-brand-calc           ########################################### [ 71%]
  30: openoffice-brand-draw           ########################################### [ 73%]
  31: openoffice-brand-impres################################################# [ 76%]
  32: openoffice-brand-zh-CN          ########################################### [ 78%]
  33: openoffice-ogltrans             ########################################### [ 80%]
  34: openoffice-gnome-integr############################################### [ 83%]
  35: openoffice-graphicfilte############################################### [ 85%]
  36: openoffice-javafilter           ########################################### [ 88%]
  37: openoffice-onlineupdate############################################### [ 90%]
  38: openoffice-ooofonts             ########################################### [ 93%]
  39: openoffice-ooolinguisti############################################### [ 95%]
  40: openoffice-pyuno                ########################################### [ 98%]
  41: openoffice-xsltfilter           ########################################### [100%]
```

图 8-2　运行命令 rpm-ivh*.rpm

```
[root@localhost RPMS]# netstat -nlp| grep 8100
tcp        0      0 127.0.0.1:8100            0.0.0.0:*              LISTEN      13185/soffice.bin
```

图 8-3　验证服务是否启动

151

（5）在安装完成之后，可以安装 OpenOffice 图形化界面应用，其安装包在 desktop-integration 文件夹里，安装文件名为：openoffice.org3.3-redhat-menus-3.3-9556.noarch.rpm，用 RPM 命令进行安装，如图 8-4 所示。OpenOffice 的启动如图 8-5 所示。

```
[root@localhost RPMS]# cd desktop-integration
[root@localhost desktop-integration]# ls -ls
总用量 2004
460 -rwxrwxrwx. 1 root root 469543 12月  12 2017 openoffice4.1.5-freedesktop-menus-4.1.5-9789.noarch.rpm
480 -rwxrwxrwx. 1 root root 489989 12月  12 2017 openoffice4.1.5-mandriva-menus-4.1.5-9789.noarch.rpm
532 -rwxrwxrwx. 1 root root 541323 12月  12 2017 openoffice4.1.5-redhat-menus-4.1.5-9789.noarch.rpm
532 -rwxrwxrwx. 1 root root 543939 12月  12 2017 openoffice4.1.5-suse-menus-4.1.5-9789.noarch.rpm
[root@localhost desktop-integration]# rpm -ivh openoffice4.1.5-redhat-menus-4.1.5-9789.noarch.rpm
Preparing...                ########################################## [100%]
```

图 8-4　安装套件 OpenOffice 图形化界面应用

图 8-5　套件 OpenOffice 的启动

8.1.2　使用文字处理器 Writer

Writer 是一个文字处理器，是一款 OpenOffice Writer 应用程序。Writer 可以支持不同类型的文档格式，如.docx 文档和.doc 文档等，用户可以创建文档、报告和书籍，也可以编写快速备忘录，操作非常简单。Writer 中包含的两个主要模块分别为：文档编辑器模块和文件管理器模块。

1. 文档编辑器模块

在进入文档编辑器模块后，会出现"标题栏""菜单栏""工具栏""状态栏""文档编辑区"等功能区，如图 8-6 所示。这些功能区为用户提供了日常所需的文字或图像处理功能，用户可能用到的功能选项都可以在其中找到。

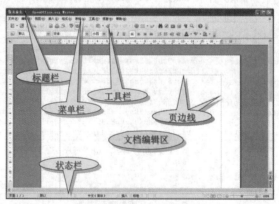

图 8-6　Writer 文档功能区

文档编辑器模块主要提供以下功能。

（1）标准文件的向导。如信件、传真、议程、会议记录，或执行更复杂的任务如邮件合并等。用户不仅可以创建模板或从模板库里下载需要的模板，还可以根据需要创建自定义表格，或者通过系统自动生成表格。如图 8-7 所示。

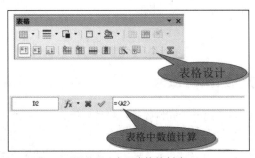

图 8-7　电子表格的创建

（2）高级样式和格式。该功能选项主要提供自动生成目录或索引功能，也包含插图、表格、公式编辑器和其他对象功能，增强了文档的适用性。"格式工具栏"菜单提供了处理文字的基本功能子菜单，如"样式""字体""字号""字符背景"等，如图 8-8 所示。此外，文档编辑模块还提供"公式编辑器"，如图 8-9 所示。

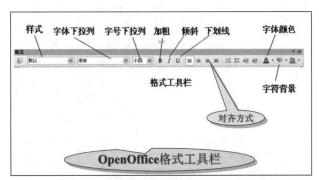

图 8-8　格式工具栏

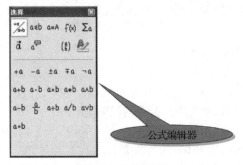

图 8-9　公式编辑器

（3）文本框架和链接。用于发布任务，如通讯和传单，还提供文件旁边的注释功能，以使阅读更加容易。

（4）字典工具。在快速打字过程中，根据字典工具可以自动更正捕捉到的错误文字，也会检查到输入时的拼写错误。此外字典工具还提供一个常用单词和短语库。

2．文件管理器模块

文件管理器模块可以帮助用户高效地管理文件，该模块主要提供以下功能。

（1）对主目录的管理。

（2）文件操作，如复制、移动、创建等。

（3）可查看文件属性，如名称、大小、日期。

（4）友好的客户端界面。

（5）支持文档预览。

8.1.3 使用演示文稿 Impress

办公套件 OpenOffice 含有的另一个软件就是幻灯片制作（Impress），它和 Windows 下的 PPT 或者 PPTx 非常类似，用户可以根据需求自定义制作幻灯片，也可以直接使用模板库提供的素材。Impress 提供了非常丰富的模板和各种动画效果，可以高效地帮助用户创建内容丰富的幻灯片。在 Impress 中新建一个空白文档，如图 8-10 所示。Impress 中新建的空白文档和 Windows 下新建的 PPT 文档高度类似，在文档顶部是功能区，用户可以在功能区进行幻灯片的制作，如图片的插入、字体的调整等。

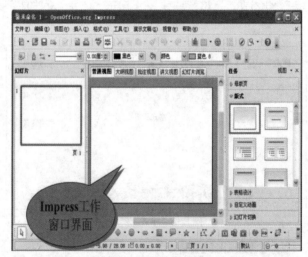

图8-10　新建空白文档

Impress 提供了以下几个主要功能。

（1）幻灯片创建功能。

Impress 提供幻灯片模板，用户可以从模板库中选取，也可以自定义模板。在创建的幻灯片中可以添加各种动态效果，如动画效果的切换、路径的定义等。

（2）演示文稿创建。

在放映幻灯片时，提供多种视图模式和页面模式，如"幻灯片浏览""讲义"等模式，如图 8-11 所示。视图模式具体又可分为：普通视图、大纲视图、批注视图、讲义视图。4 种视图播放幻灯片的方式大同小异。

（3）演示文稿发布。

在屏幕上可以发布幻灯片，幻灯片的发布方式可以是讲义方式，也可使用 html 文档方式进行幻灯片的发布。

图 8-11　幻灯片视图

（4）演示文稿放映。

主要放映幻灯片，播放方式有两种：自动播放和手动播放。单击播放按钮以后，可以手动播放幻灯片。如果想要自动播放幻灯片，可以把幻灯片播放模式设置为自动播放。

8.1.4　使用电子表格 Calc

电子表格在日常工作时起到非常重要的作用。Linux 系统中的电子表格和 Windows 系统中的电子表格在功能上大同小异。在"应用程序"菜单中，鼠标在"办公"选项停留，然后在出现的子菜单中单击"OpenOffice.org 电子表格"选项，即可在新窗口中打开一个电子表格，如图 8-12 所示。

图 8-12　打开 Calc

办公套件 OpenOffice 中的电子表格（Calc）具备非常强大的功能，如图 8-13 所示。

电子表格的顶部是功能区，提供"文件""编辑""视图""插入""格式""工具""数据"等主要子菜单，Calc 处理数据需要的功能都可以在这些子菜单中找到，非常便捷。

名称框包含了单元格的列号和行号，可以快速查看当前或活动单元格的位置。活动单元格指的是当前被选定并正在使用的单元格；函数向导按钮可以打开"函数向导"对话框；求和按钮用来计算当前单元格以上的所有单元格中数据的总和；按下函数按钮，可以在当前单元格和输入行中插入一个等号，便于接下来的公式计算。

窗口最下方是工作表按钮，显示当前电子表格中的工作表，默认情况下一个新的电子表格包括 3个工作表。

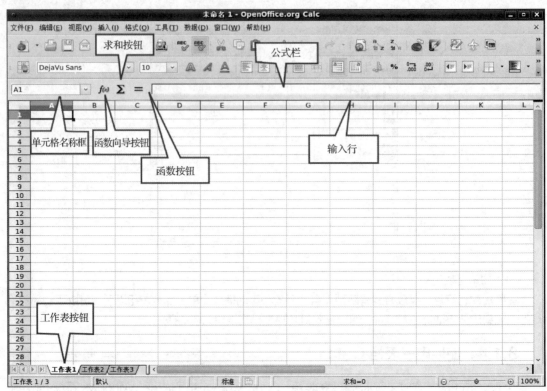

图8-13　Calc 功能界面

1. 计算

对数据进行计算时，Calc 提供了丰富的函数库，主要有统计函数类和累计函数类，如 SUM 函数、MAX 函数、MIN 函数等。灵活使用这些函数可以对数据执行复杂的计算，用户也可以通过函数向导创建自己的公式。Calc 常用的函数公式如表 8-1 所示。

表 8-1　Calc 常用函数公式

公式	简介
=SUM(A1:A11)	计算从 A1 到 A11 单元格的数据总和
=COUNT(A1:A11)	统计从 A1 到 A11 单元格的数据的行数
=B1*B2	显示 B1 和 B2 单元格数值的积
=C4-SUM(C10:C14)	计算 C4 单元格数据与 C10 到 C14 单元格数据之和的差
=MAX(A1:A11)	求出 A1 到 A11 单元格数据中的最大值
=MIN(A1:A11)	求出 A1 到 A11 单元格数据中的最小值
= AVERAGE(A1:A11)	计算 A1 到 A11 单元格的数据总和的平均值

函数公式可以在单元格中或输入行中直接输入，也可以使用函数向导来交互式地创建公式。使用函数向导创建公式时，先在表格中选定需要插入公式的位置，在"公式栏"单击函数向导按钮，打开"函数向导"对话框，如图 8-14 所示。应用函数向导对数据进行计算的结果如图 8-15所示。

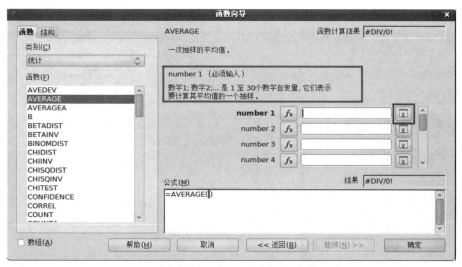

图 8-14　"函数向导"对话框

	A	B	C	D	E	F	G	H	I	J	K	L
1												
2												
3												
4	1月	25	13.5	106								
5	2月	24.4	13.4	92.4								
6	3月	22.8	11.5	69.5								
7	4月	19.6	8	40.9								
8	5月	16.2	5.1	50.4								
9	6月	12.9	1.7	54.3								
10	7月	12.2	0.6	57.6								
11	8月	13.7	1.2	49								
12	9月	16.4	4	55								
13	10月	19.6	7.1	76								
14	11月	22	9.7	85.2								
15	12月	24	12.1	108.5								
16				70.38								
17												

单元格 D16，公式栏 =AVERAGE(D4:D15)

图 8-15　函数向导输出结果

2. 含参的计算方式

对于由几个参数组合而成的复合计算，修改其中一个或几个参数后立即可以查看新的计算结果。计算方式灵活多变，在处理复合计算时非常有效。

3. 数据库功能

Calc 有一个特殊的功能，就是可以直接把数据库拖放到电子表格中，也可以把电子表格作为数据源放到 Writer 中使用。

4. 数据分类功能

根据特定的条件对数据区域进行格式化，或者进行快速计算分类汇总和总计等。

5. 图表功能

和 Windows 系统中的 Excel 表格一样，Calc 中也具有动态图表功能，随着数据的修改，图表会自动更新。在电子表格中插入图表，应首先打开一个电子表格，选定需要制作图表的数据区域，其次在"插入"菜单中选择"图表"命令，如图 8-16 所示，最后弹出"图表向导"对话框。

在"图表向导"的首页，可以选择图表类型，预览图表输出的实际效果。Calc 提供了多种二维图表类型和三维图表类型。接下来单击"继续"按钮，根据向导一步步创建图表，最后单击"完成"按钮，生成新的图表，如图 8-17 和图 8-18 所示。

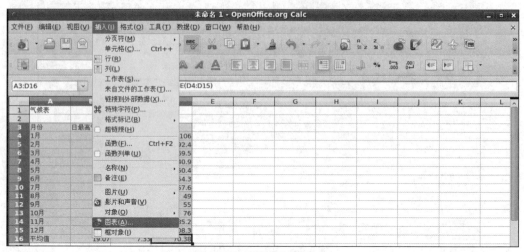

图 8-16　选择"图表"命令

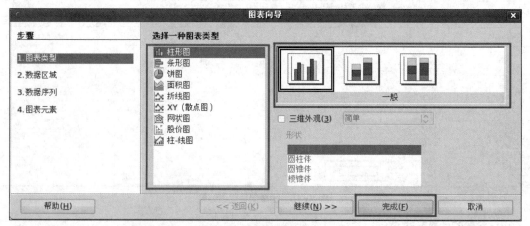

图 8-17　图表类型选择

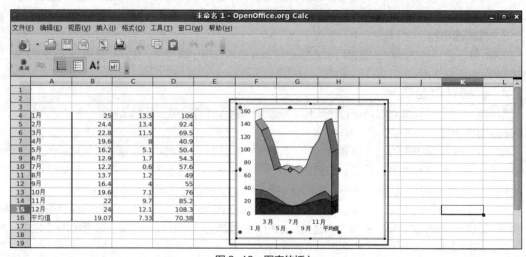

图 8-18　图表的插入

6. 打开和保存文件

套件 OpenOffice 和其他应用程序一样，通过筛选功能可以把电子表格转换成 Excel 文件和 PDF 文件。在对电子表格进行格式转换的过程中，用户无须借助任何第三方软件即可完成文档格式的输出。下面将电子表格输出为 PDF 文档，在"文件"菜单中单击"输出成 PDF"命令，如图 8-19 所示，弹出"PDF 选项"对话框。

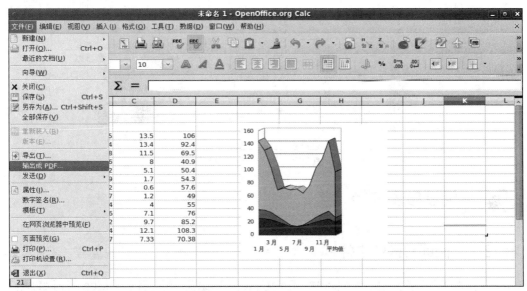

图 8-19　单击"输出成 PDF"命令

输入电子表格的文件名，设置文件的保存路径，最后单击"保存"按钮，电子表格就输出为 PDF 文档，如图 8-20 和图 8-21 所示。

图 8-20　保存 PDF 文档

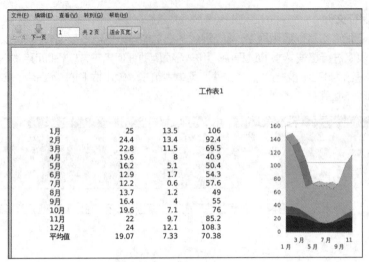

图 8-21　输出 PDF 文档

8.2　阅读电子文档

8.2.1　阅读 CHM 文件

CHM 文件是当前较流行的电子书格式，国内社区开发得比较好用的有 ChmSee 和 Firefox 扩展 CHM Reader。

1. ChmSee

ChmSee 在官网上声明：它是基于 Gtk2+的 CHM 文件阅读工具，它完美地支持中文显示，可以自由地选择字体。

2. CHM Reader

CHM Reader 是一个 Firefox 扩展。安装后，Firefox 可以直接开启.chm 文件，友好地支持中文，用户可以在 Mozilla 网站上下载，地址：https://addons.mozilla.org/en-US/firefox/ addon/3235。

3. GnoCHM

GnoCHM 是一个能够支持全文查询的 CHM 阅读器，缺点是仅显示部分中文，不能很好地支持中文搜索，下载网址：http://gnochm.sourceforge.net/。

4. Archmage

Archmage 可以将 Chm 解包为 html 格式，通过格式解包以后，能够在浏览器上进行阅读。中文 Chm 解包时有可能引发 arch_contents.html 编码错误，从而导致书签乱码。引发编码错误的原因是，gbk 编码被当作了 ISO8859-1 编码，然后重新被编码成了 UTF-8，使得自动编码识别系统无法工作。因此，一旦编码错误发生后，可以手工还原成 ISO8859-1 编码，还原方式如下：

```
iconv arch_contents.html -f utf-8 -t ISO8859-1 -o arch_contents.html
```

还有一种解决方法是查找目录下的*.hhc 文件，这是未被重新编码的文件，可以使用编码识别系统识别出原始编码。

5. KchmViewer

KchmViewer 是 KDE 桌面下的一款 CHM 文件阅读器。它提供标签添加功能，可改变字体大小，支持全文关键字搜索。虽然 KchmViewer 是一个 KDE 程序，但也能在 GNOME 和 Unity 桌面环境下运行。

下面以 KchmViewer 的安装为例，介绍 CHM 文件的使用。下载 KchmViewer 安装包，然后用 RPM 命令进行安装，安装成功后，用 KchmViewer 命令启动，如图 8-22 所示。

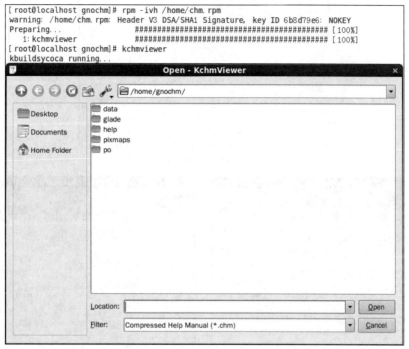

图 8-22　KchmViewer 的安装与启动

8.2.2　阅读 PDF 文件

目前较为主流的 PDF 文件阅读器由美国 Adobe 公司研发，被称为 Acrobat Reader。PDF 文档的撰写者可以发布自己制作的 PDF 文档，由于它的安全性高，文档撰写者不用担心自己的文档被恶意篡改。Linux 系统下的 PDF 阅读器类型较多，比较流行的有 MuPDF、Adobe Reader、Foxit Reader、Evince、Okular 等。下面以 Foxit Reader 为例，详细介绍其安装步骤。

Foxit Reader 安装步骤如下。

（1）下载安装包，然后在终端运行安装命令，如图 8-23 所示。

```
[root@localhost home]# ls -ls
总用量 158820
86452 -rwxr-xr-x. 1  496 fuse 88525082 6月  10 2017 FoxitReader.enu.setup.2.4.x64.run
71940 -rwxrwxrwx. 1 root root 73664057 8月  17 11:12 FoxitReader.run.tar.gz
  204 -rwxrwxrwx. 1 root root   208400 8月  16 18:46 kchm.rpm
  220 -rwxrwxrwx. 1 root root   224485 8月  16 18:49 kch.rpm
    4 drwxrwxrwx. 5 root root     4096 8月  15 18:23
[root@localhost home]# ./FoxitReader.enu.setup.2.4.x64.run
```

图 8-23　Foxit Reader 安装命令

（2）执行安装命令后，立即弹出 Foxit Reader 安装对话框，如图 8-24 所示，选择安装位置，单击"下一步"按钮。

（3）如图 8-25 所示，根据提示，单击"下一步"按钮。安装过程结束后，单击"完成"按钮，如图 8-26 所示。

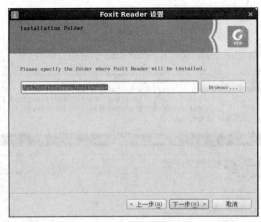

图 8-24　Foxit Reader 安装对话框

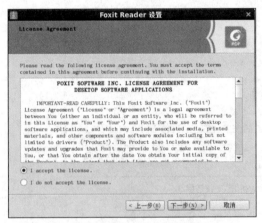

图 8-25　Foxit Reader 安装步骤 1

图 8-26　Foxit Reader 安装步骤 2

（4）完成上述步骤后，在终端输入命令 FoxitReader，启动 Foxit Reader 软件，如图 8-27 所示。

```
[root@localhost home]# FoxitReader
[TimeStamp]-----main-----begin
svn:   r08f07f8


############################################
#############Foxit Reader Setup Log############
############################################


[TimeStamp]-----CReader_AppEx::InitInstance()-----begin
QString::arg  Argument missing: 无法解析 dbus_connection_can_send_type中的符号 "dbus_connection_can_send_type"
: dbus-1, (/lib64/libdbus-1.so.3: undefined symbol: dbus_connection_can_send_type)
[TimeStamp]-----CMainWindow::Init()-----begin
QObject::connect: Use the SLOT or SIGNAL macro to connect CMainWindow::
xdg-mime return the value that is "evince.desktop
"
QLayout: Attempting to add QLayout "" to CMainToolbar "", which already has a layout
QLayout: Attempting to add QLayout "" to CMainToolbar "", which already has a layout
QLayout: Attempting to add QLayout "" to CMainToolbar "", which already has a layout
CMainToolbar::AddSecondaryToolBar:   "View"
CMainToolbar::AddSecondaryToolBar:   "Comment"
CMainToolbar::AddSecondaryToolBar:   "Protect"
CMainToolbar::AddSecondaryToolBar:   "Form"
configpath:  "/root/.local/share/Foxit Software/Foxit Reader/Configuration/configtoolbar.xml"
[TimeStamp]-----CReader_AppEx::LoadLibrarys()-----begin
QMetaObject::connectSlotsByName: No matching signal for on_DescripEdit_editingFinished()
[TimeStamp]-----CReader_AppEx::LoadLibrarys()-----end-----UsedTime: 121ms
QMetaObject::connectSlotsByName: No matching signal for on_TabToolButton_click()
[need finish...] CRSA_Module::UpdateUserStampsdata()
```

图 8-27　Foxit Reader 的启动

（5）成功启动 Foxit Reader 软件后，单击它主页面上的"+"，添加需要打开的 PDF 文件，如图 8-28 和图 8-29 所示。

图 8-28　Foxit Reader 添加文件

图 8-29　Foxit Reader 打开文件

8.3　网络应用及媒体软件

8.3.1　网络应用简介

应用程序是完成某项或多项特定工作的计算机程序，在用户模式下可以和用户进行交互，含有可视化的用户界面。应用程序通常又分为两部分：图形用户接口（GUI）和引擎（Engine）。

网络应用程序属于应用程序的一种，是一种通过网页浏览器运行在互联网或企业内部网上的应用软件，撰写应用程序可以用网页语言或脚本语言，另外，它需要用浏览器来运行。

网络应用软件是指能够为网络用户提供各种服务的软件，用于获取网络上的共享资源或者提供资源共享，如浏览软件、传输软件、远程登录软件等。

8.3.2　使用网页浏览器

Linux 系统自带网页浏览器 Firefox，和其他网页浏览器一样，使用时只需要双击 Firefox 浏览器图标即可。Firefox 浏览器界面如图 8-30 所示。Firefox 浏览器提供了以下主要功能。

（1）拦截恶意网站。

用户浏览到潜在的威胁网站时，Firefox 会以醒目的警告方式提醒用户该网站危险。

（2）标签页方式浏览。

在不同的标签页中，用户可以把自己的网页放置到计算机桌面上，以便于下次浏览。

（3）访问痕迹清理。

Firefox 提供网页访问痕迹清理功能，以更好地保护用户隐私。用户上网过程中留下的浏览痕迹、Cookie 以及登录密码等各种敏感信息都可以被清理掉。

（4）自动更新。

在联网状态下，浏览器 Firefox 会提示用户自动更新，增强软件的安全性能，完善软件的功能。

图 8-30　Firefox 浏览器

8.3.3　使用文件下载器

1. Wget 工具

Wget 工具功能丰富，可以充当 GUI 下载管理器使用，它具有下载管理器所需的全部功能，如支持多个文件下载或恢复下载等。Wget 下载过程如图 8-31 所示。

```
[root@localhost ~]# wget http://699pic.com/media/soundtrack-so-1-334-0-0-0.html?
sem=1&sem_kid=45426&sem_type=1
[1] 3770
[2] 3771
[root@localhost ~]# --2018-08-16 12:54:29--  http://699pic.com/media/soundtrack-
so-1-334-0-0-0.html?sem=1
正在解析主机 699pic.com... 139.196.250.119, 101.132.88.235, 101.132.88.233
正在连接 699pic.com|139.196.250.119|:80... 已连接。
已发出 HTTP 请求，正在等待回应... 200 OK
长度：未指定 [text/html]
正在保存至：'soundtrack-so-1-334-0-0-0.html?sem=1"

    [ <=>                                    ] 160,835      828K/s   in 0.2s

2018-08-16 12:54:29 (828 KB/s) - 'soundtrack-so-1-334-0-0-0.html?sem=1" 已保存 [
160835]
```

图 8-31　Wget 下载过程

2. Curl 工具

Curl 是另一种高效的下载工具，它不仅可以下载文件，还可以上传文件，而且还支持数量最多的 Web 协议。在下载过程中，可以预测下载剩余时间，也可以用进度条显示下载进度。Curl 下载过程如图 8-32 所示。

```
[root@localhost ~]# curl http://mirrors.163.com/centos/6/os/i386/Packages/
<a href="yum-updateonboot-1.1.30-41.el6.noarch.rpm">yum-updateonboot-1.1.30-41.el6.noarch.rpm</a>
  20-Jun-2018 19:43     26K
<a href="yum-utils-1.1.30-41.el6.noarch.rpm">yum-utils-1.1.30-41.el6.noarch.rpm</a>                 20
-Jun-2018 19:43    113K
<a href="zd1211-firmware-1.4-4.el6.noarch.rpm">zd1211-firmware-1.4-4.el6.noarch.rpm</a>
03-Jul-2011 12:55    22K
<a href="zenity-2.28.0-1.el6.i686.rpm">zenity-2.28.0-1.el6.i686.rpm</a>                  03-Jul-2
011 12:55     3M
<a href="zip-3.0-1.el6_7.1.i686.rpm">zip-3.0-1.el6_7.1.i686.rpm</a>                   10-Nov-201
5 20:42    252K
<a href="zlib-1.2.3-29.el6.i686.rpm">zlib-1.2.3-29.el6.i686.rpm</a>                   24-Feb-201
3 01:50    73K
<a href="zlib-devel-1.2.3-29.el6.i686.rpm">zlib-devel-1.2.3-29.el6.i686.rpm</a>                 24-F
eb-2013 01:53    44K
<a href="zlib-static-1.2.3-29.el6.i686.rpm">zlib-static-1.2.3-29.el6.i686.rpm</a>                 24-
Feb-2013 01:53    51K
<a href="zsh-4.3.11-8.el6.centos.i686.rpm">zsh-4.3.11-8.el6.centos.i686.rpm</a>                 20-J
un-2018 19:43     2M
<a href="zsh-html-4.3.11-8.el6.centos.i686.rpm">zsh-html-4.3.11-8.el6.centos.i686.rpm</a>
 20-Jun-2018 19:43    478K
```

图 8-32　Curl 下载过程

8.3.4　使用媒体播放器

媒体播放器，又称媒体播放机，通常是指电脑中用来播放多媒体的软件。随着传媒行业的不断发展，一些广告画面的播放器也可称为媒体播放器，如分众传媒的视频媒体播放器，众普传媒的镜面媒体播放器等。Linux 系统自带媒体播放器软件，可以根据不同类型的多媒体选择不同的播放器，主要有视频播放器和音频播放器。单击菜单"应用程序"→"影音"→"电影播放机"命令，打开媒体播放器，如图 8-33 所示。

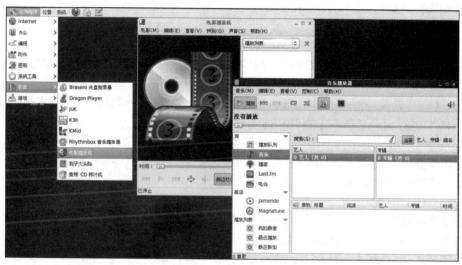

图 8-33　打开媒体播放器

8.3.5　使用抓图工具

Linux 系统提供图像捕获工具，以方便用户截取图像。单击菜单"应用程序"→"图形"→"图像捕获"命令，打开抓图工具，如图 8-34 所示。

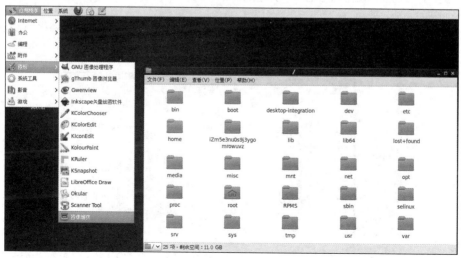

图 8-34　打开抓图工具

8.3.6 使用图形图像处理软件

Linux 系统含有丰富的图形图像处理软件，从功能上可以分为以下几类。

（1）图像处理工具，如 GIMP 工具等。

（2）绘图工具，如 XPaint、Kpaint 工具等。

（3）图像浏览工具，如 gtk_see、CompuPic、电子眼 ee（Electronic Eye）、GQView、KView 工具等。

（4）图标制作工具，如 Kicon 工具等。

（5）抓图工具，如 KsnapShot 工具等。

（6）三维模型设计软件，如 AC3D、IRIT、PIXCON 工具等。

在 Linux 系统众多的图像处理工具中，比较著名的就是 GIMP 工具。GIMP 是 GNU 图像处理程序（GNU Image Manipulation Program）的缩写，它是一个完全免费的自由软件包，能够对大多数图像进行各种艺术处理。GIMP 的功能相当强大，它不仅具备简单的绘图程序功能，也具有高质量的图像处理软件功能，还具有图像格式转换功能等。

GIMP 也表现出良好的可扩展性，它提供高级脚本接口并且支持插件参数。简单的任务和复杂的图像处理过程都可以通过脚本进行描述。因为其强大的图像处理功能，GIMP 被誉为 Linux 下处理图像的法宝，也被称为是 Linux 下的 Photoshop。

GIMP 具有以下特点。

（1）拥有完整的绘图工具，包括 Brush（笔刷）、Pencil（铅笔）、AirBrush（喷枪）等工具。

（2）待处理的图像尺寸大小只受磁盘自由空间大小的限制。

（3）支持主流图像格式，如 gif、jpg、png、xpm、tiff、tga、mpeg、ps、pdf、pcx、bmp 等图像格式。

（4）支持过程数据库，内部 GIMP 函数可以被外部应用程序调用。

（5）支持无限次数的 Undo/Redo 操作，但是会受到磁盘空间的限制。

（6）支持多种变形工具，如旋转、缩放、裁剪等。

（7）具有多种选择工具，如矩形、椭圆、自由、模糊、曲线及智能工具等。

（8）提供插件功能以及丰富的插件，现有库中含有 100 多个插件，用户可以任意插入新的文件格式以及增加新的滤镜效果。

GIMP 的启动非常简单，单击菜单"应用程序"→"图形"→"GNU 图像处理程序"命令即可，其界面如图 8-35 所示。

图 8-35　GIMP 图像处理界面

8.4 小结

本章重点介绍了 OpenOffice 办公套件，它提供功能强大的办公软件，主要包括文字处理器 Writer，演示文稿 Impress 和电子表格 Calc。本章还介绍了电子文档阅读工具，包括 CHM 文件和 PDF 文件。最后，本章介绍了一些常见的网络应用、媒体软件、抓图工具和图像处理软件。Linux 系统中含有的图像处理工具很多，其中 GIMP 图像处理工具是目前功能最为强大的图像处理工具，非常实用。

8.5 实训 Linux 应用软件综合实训

1. 实训目的
（1）掌握 OpenOffice 办公套件的用法。
（2）掌握文件下载器工具的用法。
（3）掌握 GIMP 工具的用法

2. 实训内容
（1）使用 OpenOffice 办公套件中的 Impress 软件制作幻灯片。
（2）使用 OpenOffice 办公套件中的 Calc 软件对学生期末成绩进行图表制作。
（3）使用 GIMP 工具对图片进行处理。

8.6 习题

1. 选择题
（1）下面说法正确的是（   ）。
    A. openoffice 是一个运行命令   B. writer 工具可以绘制图形
    C. 电子表格 Calc 可制图   D. 在 Impress 中无法插入图片
（2）Writer 是一个（   ）。
    A. 文档编辑器   B. 运行命令
    C. 和图像图形相关联的程序   D. 复制文件程序
（3）下列哪一个工具可以绘图？（   ）
    A. MP4   B. XPaint   C. rpm   D. jpg
（4）Wget 工具的主要功能是（   ）。
    A. 处理文字，也能处理图片   B. 聊天
    C. 文件下载   D. 播放音乐
（5）下面哪一个工具或命令可以打开 PDF 文件？（   ）
    A. Calc   B. Impress   C. Curl   D. Foxit Reader
（6）GIMP 的名称是（   ）。
    A. GNU 图形图像播放器   B. GNU 图像处理程序
    C. GNU 视频处理程序   D. GNU 安装程序
（7）Linux 自带的网页浏览器是（   ）。
    A. Firefox 浏览器   B. 360 浏览器   C. 有道浏览器   D. 百度浏览器
（8）要对数据进行计算和排序，可以选用下列哪个工具？（   ）
    A. Curl 工具   B. Calc 工具   C. IRIT 工具   D. KView 工具

（9）下面哪个工具提供字典工具功能？（　　　）

    A. KsnapShot　　　　B. AC3D　　　　C. Writer　　　　D. GnoCHM

（10）Archmage 工具的主要功能是（　　　）。

    A. 可以将 Chm 解包为 html 格式　　　　B. 可以将 tar 解包为普通文件格式

    C. 可以将 html 格式打包为 Chm　　　　D. 可以将普通文件格式打包为 tar

2. 填空题

（1）Impress 提供的功能有_____、_____、_____、_____。

（2）文档编辑器模块提供的功能有_____、_____、_____、_____。

（3）Kpaint 工具可以用作_____。

（4）应用 Calc 工具，可以直接把数据库拖放到电子表格中，也可以把电子表格作为数据源放到_____使用，这个功能属于_____功能。

（5）Writer 包含两个主要模块：_____和_____。

（6）MuPDF、Evince、Okular 等工具都可以阅读_____类型的文件。

（7）解压 OpenOffice 安装包应使用命令_____。

3. 简答题

（1）简述文字处理器 Writer 的基本功能。

（2）简述常用图形图像处理软件的基本功能。

（3）简述 GIMP 工具的基本特点。

（4）简述 Impress 提供的基本功能。

（5）简述 Firefox 浏览器的基本功能。

4. 思考题

使用文件下载器（Wget 等）和 Firefox 工具下载文件有什么不一样？

第9章

网络配置

09

【本章导读】

本章首先介绍了 TCP/IP 的网络参数，然后介绍了 Linux 下的网络调试命令，接着详细介绍了在 Linux 下配置网络参数的常见方式，主要包括使用命令方式配置、使用 NetworkManager 配置以及使用配置文件直接配置等。要成为专业 Linux 管理员，不仅需要理解操作系统的原理，还需要掌握 Linux 系统的核心技术与管理方法，这需要继续推进实践基础上的理解创新。

【本章要点】

① TCP/IP 参数介绍

② 网络调试命令介绍

③ 配置 TCP/IP 网络参数

9.1 TCP/IP 网络参数概述

1. TCP/IP 简介

TCP/IP 是 Transmission Control Protocol/Internet Protocol 的简写，译为传输控制协议/因特网互联协议，又名网络通信协议，是 Internet 最基本的协议，也是全球使用最广泛的一种网络通信协议。TCP/IP 定义了电子设备如何连入因特网，以及数据在它们之间传输的标准。该协议采用 4 层的层级结构，每一层都呼叫它的下一层所提供的协议来完成自己的需求。图 9-1 显示了 TCP/IP 分层结构，图 9-2 显示了 TCP/IP 中的各层协议。

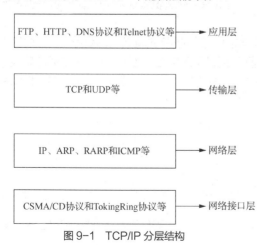

图 9-1　TCP/IP 分层结构

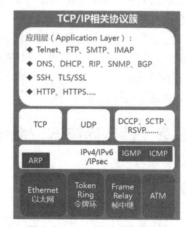

图 9-2　TCP/IP 中的各层协议

TCP/IP 的最大优点在于它是一个开放的协议标准，并且遵循"接入互联网中的每台计算机相互平等"的思想。因此，在具体实现中，它不依赖于任何特定的计算机硬件或操作系统，也不依赖于特定的网络传输硬件，从而成为当今因特网最重要的协议。

2. TCP/IP 中的主要网络参数

（1）主机名。

主机名用来表示网络中的计算机名称，这个名称是可以随时更改的。在一个局域网中，为了区分不同的计算机，可以为其分别设置不同的名字，如 504-1、504-2、504-3、504-4 等。对于用户来说，主机名比数字 IP 地址更方便识别，因此使用主机名便于互联网用户之间的相互访问。

（2）IP 地址。

IP 地址用于给网络中的计算机编号，每台联网的计算机都需要有唯一的 IP 地址，才能正常通信。目前常用的 IP 地址是 IPv4 编码，它是一个 32 位的二进制数。目前使用的 IP 地址编址方案将 IP 地址空间划分为 A、B、C、D、E 五类，其中 A、B、C 是基本类，D、E 类作为多播和保留使用。现实生活中最常用的是 B 和 C 两类。

IP 地址用点分十进制来表示具体的地址，长度为 32 位，分为 4 段，每段 8 位，用十进制数字表示，每段数字范围为 0~255，段与段之间用"."隔开，如 192.168.7.1。

（3）子网掩码。

子网掩码又叫网络掩码或地址掩码，它用于将某个 IP 地址划分成网络地址和主机地址两部分。子网掩码的设定必须遵循一定的规则。与二进制 IP 地址相同，子网掩码由 1 和 0 组成，且 1 和 0 分别连续。子网掩码的长度也是 32 位：左边是网络位，用二进制数字 1 表示，1 的数目等于网络位的长度；右边是主机位，用二进制数字 0 表示，0 的数目等于主机位的长度。在一般的网络规划中，如果不需要划分子网，则直接使用默认的子网掩码。如 A 类地址的默认子网掩码是 255.0.0.0，B 类地址的默认子网掩码是 255.255.0.0，C 类地址的默认子网掩码是 255.255.255.0。

（4）网关地址。

网关（Gateway）又称网间连接器、协议转换器，用于两个高层协议不同的网络互连。通俗地说，网关是一个网络连接到另一个网络的"关口"，它既可以用于广域网互连，也可以用于局域网互连。因此，只有设置好网关的 IP 地址，TCP/IP 才能实现不同网络之间的相互通信。

（5）域名。

域名又叫网域，是由一串用点分隔的名字组成的 Internet 上某台计算机或某个计算机组的名称，用于在数据传输时标识计算机的物理位置。域名通常是上网机构的名称，是一个单位在网络中的地址。在因特网中，每一个域名都和特定的 IP 地址相对应，由此来简化浏览者在网络中查询网址的烦琐过程。

（6）DNS 服务器。

DNS 服务器也叫域名服务器，是进行域名和与之相对应的 IP 地址转换的服务器。在网络中，域名虽然便于记忆，但是机器只能识别 IP 地址，因而要通过引入域名服务器实现它们之间的转换。域名服务器为客户机/服务器模式中的服务器方，它主要有两种形式：主服务器和转发服务器。将域名映射为 IP 地址的过程被称为"域名解析"。

9.2 使用网络调试命令

9.2.1 Ping 命令

Ping 命令是 TCP/IP 中的一个通信协议，主要用于检查网络是否连通。它能够记录源主机与目标

主机的连接结果，显示目标是否响应及接收答复所需要的时间。如果在传递过程中有错误，Ping 命令
将显示错误信息。

Ping 命令的语法如下。

ping （参数）IP 地址

如 ping 192.168.99.100 用于显示从主机到目标地址为 192.168.99.100 的网络线路是否连通。
参数含义如下。

-d：使用 Socket 的 SO_DEBUG 功能。

-c：设置要求回应的次数。

-f：极限检测。

-i：指定收发消息的间隔时间。

-n：只输出数值。

-p：设置范本。

-q：不显示指令执行过程。

-r：直接将数据输出到远程主机上。

-R：记录路由过程。

-s：设置数据包大小。

-t：设置存活数值 TTL 大小。

使用 Ping 命令 Ping 搜狐网站，如图 9-3 所示。

```
[root@RHEL6 ~]# ping www.sohu.com
PING gs.a.sohu.com (211.159.191.30) 56(84) bytes of data.
64 bytes from 211.159.191.30: icmp_seq=1 ttl=128 time=49.2 ms
64 bytes from 211.159.191.30: icmp_seq=2 ttl=128 time=48.2 ms
64 bytes from 211.159.191.30: icmp_seq=3 ttl=128 time=48.2 ms
64 bytes from 211.159.191.30: icmp_seq=4 ttl=128 time=48.2 ms
64 bytes from 211.159.191.30: icmp_seq=5 ttl=128 time=50.1 ms
64 bytes from 211.159.191.30: icmp_seq=6 ttl=128 time=48.3 ms
64 bytes from 211.159.191.30: icmp_seq=7 ttl=128 time=48.0 ms
64 bytes from 211.159.191.30: icmp_seq=8 ttl=128 time=54.2 ms
64 bytes from 211.159.191.30: icmp_seq=9 ttl=128 time=48.2 ms
64 bytes from 211.159.191.30: icmp_seq=10 ttl=128 time=48.3 ms
^C
--- gs.a.sohu.com ping statistics ---
10 packets transmitted, 10 received, 0% packet loss, time 18697ms
rtt min/avg/max/mdev = 48.069/49.133/54.209/1.799 ms
```

图 9-3　Ping 搜狐网站

从图 9-3 可以看出，在直接输入 Ping 命令时可以检测该主机是否与目标主机建立了网络连接。
其中 time=表示响应时间，这个时间越小，说明连接目标地址的速度越快。要停止执行该命令可以使
用组合键 Ctrl+C。

如果要显示响应的次数，可以使用命令 ping –c 来实现，该命令运行结果如图 9-4 所示。

```
[root@RHEL6 ~]# ping -c 2 www.sina.com.cn
PING spool.grid.sinaedge.com (58.205.212.207) 56(84) bytes of data.
64 bytes from 58.205.212.207: icmp_seq=1 ttl=128 time=35.9 ms
64 bytes from 58.205.212.207: icmp_seq=2 ttl=128 time=35.6 ms

--- spool.grid.sinaedge.com ping statistics ---
2 packets transmitted, 2 received, 0% packet loss, time 10095ms
rtt min/avg/max/mdev = 35.674/35.831/35.988/0.157 ms
```

图 9-4　ping –c 命令

从图 9-4 可以看出，当收到两次包后程序自动退出。

9.2.2 netstat 命令

netstat 命令用于在 Linux 中查看网络自身的状况，如开启的端口、用户的服务等。此外，它还可以显示系统路由表以及网络接口等。因此该命令是一个综合性的网络状态查看工具。

netstat 命令的语法如下。

netstat（参数）

参数含义如下。

-a：列出所有当前的连接。

-at：列出 TCP 连接。

-au：列出 UDP 连接。

-nr：列出路由表。

-s：显示每个协议的统计。

-c：每隔 1 秒就重新显示一遍，直到用户中断它。

-t：显示 TCP 协议的连接情况。

-e：显示以太网统计。

-g：显示多重广播功能群组名单。

-i：显示网络界面信息表单。

-u：显示 UDP 的连接。

-l：显示监控中的服务器的 Socket。

-w：显示 RAW 传输协议的连接。

-n：直接使用 IP 地址。

-h：在线帮助。

使用 netstat 命令 netstst –at，如图 9-5 所示。该命令列出了所有 TCP 的连接状况。

```
[root@RHEL6 ~]# netstat -at
Active Internet connections (servers and established)
Proto Recv-Q Send-Q Local Address          Foreign Address         Stat
e
tcp        0      0 *:sunrpc               *:*                     LIST
EN
tcp        0      0 *:ssh                  *:*                     LIST
EN
tcp        0      0 localhost:ipp          *:*                     LIST
EN
tcp        0      0 *:43800                *:*                     LIST
EN
tcp        0      0 *:sunrpc               *:*                     LIST
EN
tcp        0      0 *:ssh                  *:*                     LIST
EN
tcp        0      0 localhost:ipp          *:*                     LIST
EN
tcp        0      0 *:44571                *:*                     LIST
EN
```

图 9-5　使用命令 netstat –at

使用 netstat –l 命令，如图 9-6 所示。该命令显示了监控中的服务器状况。

此外，也可以使用组合命令来查看正在连接的网络信息，运行 netstat –ntulpa 命令，如图 9-7 所示。

```
[ root@RHEL6 ~]# netstat -l
Active Internet connections (only servers)
Proto Recv-Q Send-Q Local Address          Foreign Address        Stat
e
tcp        0      0 *: sunrpc              *: *                   LIST
EN
tcp        0      0 *: ssh                 *: *                   LIST
EN
tcp        0      0 localhost: ipp         *: *                   LIST
EN
tcp        0      0 *: 43800               *: *                   LIST
EN
tcp        0      0 *: sunrpc              *: *                   LIST
EN
tcp        0      0 *: ssh                 *: *                   LIST
EN
tcp        0      0 localhost: ipp         *: *                   LIST
EN
tcp        0      0 *: 44571               *: *                   LIST
EN
udp        0      0 *: 948                 *: *
```

图 9-6　使用命令 netstat -l

```
[ root@RHEL6 ~]# netstat -ntulpa
Active Internet connections (servers and established)
Proto Recv-Q Send-Q Local Address          Foreign Address        Stat
e        PID/Program name
tcp        0      0 0.0.0.0: 111           0.0.0.0: *             LIST
EN     1621/rpcbind
tcp        0      0 0.0.0.0: 22            0.0.0.0: *             LIST
EN     1919/sshd
tcp        0      0 127.0.0.1: 631         0.0.0.0: *             LIST
EN     1716/cupsd
tcp        0      0 0.0.0.0: 43800         0.0.0.0: *             LIST
EN     1678/rpc. statd
tcp        0      0 :::111                 :::*                   LIST
EN     1621/rpcbind
tcp        0      0 :::22                  :::*                   LIST
EN     1919/sshd
tcp        0      0 ::1: 631               :::*                   LIST
EN     1716/cupsd
tcp        0      0 :::44571               :::*                   LIST
EN     1678/rpc. statd
udp        0      0 0.0.0.0: 948           0.0.0.0: *
```

图 9-7　使用命令 netstat -ntulpa

9.2.3　traceroute 命令

traceroute 命令用于追踪数据包在网络上传输时的全部路径，它能够遍历到数据包传输路径上的所有路由器。traceroute 命令默认发送的数据包大小是 40 字节。通过 traceroute 命令可以知道信息从计算机到互联网另一端的主机走的是什么路径。

traceroute 命令的语法如下。

traceroute（参数）主机名

参数含义如下。

-d：使用 Socket 层级的排错功能。

-f：设置第一个监测数据包的存活数值 TTL 的大小。

-F：设置勿离断位。

-g：设置来源路由网关。

-i：使用指定的网络界面送出数据包。

-I：使用 ICMP 回应替代 UDP 资料信息。

-m：设置检测数据包的最大存活数值 TTL 的大小。

-n：直接使用 IP 地址而非主机名称。

-p：设置 UDP 传输协议的通信端口。

-r：直接将数据包送到远程主机上。

-s：设置本地主机送出数据包的 IP 地址。

-t：设置检测数据包的 TOS 数值。

-v：显示指令的执行时间。

-w：显示等待远程主机回应的时间。

-x：开启或关闭数据包的准确性检验。

使用 traceroute-n 检测主机到搜狐网站的节点连接状况，如图 9-8 所示。

```
[root@RHEL6 ~]# traceroute -n www.sohu.com
traceroute to www.sohu.com (123.126.104.68), 30 hops max, 60 byte packets
 1  10.10.10.100  0.245 ms  0.163 ms  0.157 ms
 2  * * *
 3  * * *
 4  * * *
 5  * * *
 6  * * *
 7  * * *
 8  * * *
 9  * * *
10  * * *
11  * * *
12  * * *
13  * * *
14  * * *
```

图 9-8　使用命令 traceroute -n

9.2.4　ifconfig 命令

ifconfig 命令用于显示或配置 Linux 中的网络设备，并可设置网卡的相关参数，启动或者停用网络接口。

ifconfig 命令语法如下。

ifconfig（参数）

参数含义如下。

add：设置网络设备的 IP 地址。

del：删除网络设备的 IP 地址。

down：关闭指定的网络设备。

io_addr：设置网络设备的 io 地址。

irq：设置网络设备的 irq。

media：设置网络设备的媒介类型。

mem_start：设置网络设备在内存中占用的起始地址。

metric：指定在计算数据包的转送次数时所要加上的数目。

mtu：设置网络设备的 mtu（字节）。

netmask：设置网络设备的子网掩码。

tunnel：建立 IPv4 与 IPv6 之间的隧道通信地址。

up：启动指定的网络设备。

IP 地址：指定网络设备的 IP 地址。

网络设备：指定网络设备的名称。

使用 ifconfig 命令显示网络设备信息，如图 9-9 所示。

```
[root@RHEL6 ~]# ifconfig
eth1      Link encap: Ethernet  HWaddr 00:0C:29:85:8C:12
          inet addr:10.10.10.27  Bcast:10.10.10.255  Mask:255.255.255.0
          inet6 addr: fe80::20c:29ff:fe85:8c12/64 Scope:Link
          UP BROADCAST RUNNING MULTICAST  MTU:1500  Metric:1
          RX packets:122 errors:0 dropped:0 overruns:0 frame:0
          TX packets:226 errors:0 dropped:0 overruns:0 carrier:0
          collisions:0 txqueuelen:1000
          RX bytes:13234 (12.9 KiB)  TX bytes:19652 (19.1 KiB)
          Interrupt:19 Base address:0x2000

lo        Link encap:Local loopback
          inet addr:127.0.0.1  Mask:255.0.0.0
          inet6 addr: ::1/128 Scope:Host
          UP LOOPBACK RUNNING  MTU:65536  Metric:1
          RX packets:16 errors:0 dropped:0 overruns:0 frame:0
          TX packets:16 errors:0 dropped:0 overruns:0 carrier:0
          collisions:0 txqueuelen:0
          RX bytes:960 (960.0 b)  TX bytes:960 (960.0 b)
```

图 9-9 用 ifconfig 命令显示网络设备信息

从图 9-9 可以看出，eth1 表示第一块网卡，其中 HWaddr 表示网卡的物理地址，目前这个网卡的物理地址（MAC 地址）是 00:0C:29:85:8C:12。lo 表示主机的回环地址，一般用来测试一个网络程序，同时又不想让局域网或外网的用户查看，因此只能在此主机上运行和查看所用的网络接口。广播地址（Bcast）为 10.10.10.255，子网掩码（Mask）为 255.255.255.0。

使用 ifconfig 命令来配置 IP 地址，如图 9-10 所示。

```
[root@RHEL6 ~]# sudo ifconfig eth1 192.168.99.100
[root@RHEL6 ~]# ifconfig
eth1      Link encap: Ethernet  HWaddr 00:0C:29:85:8C:12
          inet addr:192.168.99.100  Bcast:192.168.99.255  Mask:255.255.255.0
          inet6 addr: fe80::20c:29ff:fe85:8c12/64 Scope:Link
          UP BROADCAST RUNNING MULTICAST  MTU:1500  Metric:1
          RX packets:124 errors:0 dropped:0 overruns:0 frame:0
          TX packets:228 errors:0 dropped:0 overruns:0 carrier:0
          collisions:0 txqueuelen:1000
          RX bytes:13636 (13.3 KiB)  TX bytes:20036 (19.5 KiB)
          Interrupt:19 Base address:0x2000

lo        Link encap:Local Loopback
          inet addr:127.0.0.1  Mask:255.0.0.0
          inet6 addr: ::1/128 Scope:Host
          UP LOOPBACK RUNNING  MTU:65536  Metric:1
          RX packets:16 errors:0 dropped:0 overruns:0 frame:0
          TX packets:16 errors:0 dropped:0 overruns:0 carrier:0
          collisions:0 txqueuelen:0
          RX bytes:960 (960.0 b)  TX bytes:960 (960.0 b)
```

图 9-10 用 ifconfig 命令配置 IP 地址

从图 9-10 可以看出，网卡配置一个 IP 地址可以使用命令 sudo ifconfig eth1 ip 来实现。其中，sudo 表示获得了超级用户的权限。值得注意的是，使用 ifconfig 命令修改网络参数的前提是必须拥有超级用户权限。

9.2.5 arp 命令

arp 命令用于操作主机的 arp 缓冲区，它可以显示 arp 缓冲区中的所有条目，删除指定的条目或添加静态的 ip 地址与 MAC 地址对应关系。arp 缓冲区中包含一个或多个表，它们用于存储 IP 地址及经过解析的以太网或令牌环物理地址。

arp 命令语法如下。

arp（参数）主机

参数含义如下。

- a：显示缓冲区的所有条目。

-H：指定 arp 使用的地址类型。

- d：从 arp 缓冲区中删除指定主机的 arp 条目。

- D：使用指定接口的硬件地址。

- e：以 Linux 的显示风格显示 arp 缓冲区中的条目。

- i：指定要操作 arp 缓冲区的网络接口。

- s：设置指定主机的 IP 地址与 MAC 地址的静态映射。

- n：以数字方式显示 arp 缓冲区中的条目。

- v：显示详细的 arp 缓冲区条目，包括缓冲区条目的统计信息。

- f：设置主机的 IP 地址与 MAC 地址的静态映射。

使用 arp 命令，如图 9-11 所示。

```
[root@RHEL6 ~]# arp
Address              HWtype  HWaddress           Flags Mask        Iface
10.10.10.31          ether   00:50:56:e9:10:67   C                 eth1
```

图 9-11　用 arp 命令查看缓冲区信息

使用 arp –v 命令显示详细的 arp 缓冲区条目，如图 9-12 所示。

```
[root@RHEL6 ~]# arp -v
Address              HWtype  HWaddress           Flags Mask        Iface
10.10.10.31          ether   00:50:56:e9:10:67   C                 eth1
10.10.10.100         ether   00:50:56:fb:e8:b4   C                 eth1
Entries: 2    Skipped: 0        Found: 2
```

图 9-12　用 arp-v 命令查看详细的缓冲区条目

9.2.6　nslookup 命令

nslookup 命令用于查询域名的信息，如果使用者想查看一个 IP 地址的域名，可以用 nslookup 这个命令。

nslookup 命令的语法如下。

nslookup（参数）要查询的域名

参数含义如下。

-sil：指定要查询的域名

使用 nslookup 命令查询搜狐网站域名，如图 9-13 所示。

```
[root@RHEL6 ~]# nslookup www.sohu.com
;; connection timed out; trying next origin
Server:         10.10.10.100
Address:        10.10.10.100#53

www.sohu.com.localdomain      canonical name = gs.a.sohu.com.
Name:    gs.a.sohu.com
Address: 211.159.191.30
```

图 9-13　用 nslookup 命令查询域名

从图 9-13 可以看出，该命令既可以查询 DNS 服务器的信息，包含在 Server 中；也可以查询域名的 IP 地址，包含在 Name 中。

【例 9-1】网络调试命令综合运用。

具体操作步骤如下。

（1）使用命令 ping -c 3 www.sina.com.cn 测试网络连通性，如图 9-14 所示。

```
[root@RHEL6 ~]# ping -c 3 www.sina.com.cn
PING spool.grid.sinaedge.com (58.205.212.206) 56(84) bytes of data.
64 bytes from 58.205.212.206: icmp_seq=1 ttl=128 time=35.7 ms
64 bytes from 58.205.212.206: icmp_seq=2 ttl=128 time=35.7 ms
64 bytes from 58.205.212.206: icmp_seq=3 ttl=128 time=35.3 ms

--- spool.grid.sinaedge.com ping statistics ---
3 packets transmitted, 3 received, 0% packet loss, time 11084ms
rtt min/avg/max/mdev = 35.310/35.618/35.778/0.308 ms
```

图 9-14　ping 命令的使用

（2）使用命令 netstat 显示网络状况，如图 9-15 和图 9-16 所示。

```
[root@RHEL6 ~]# netstat -r
Kernel IP routing table
Destination     Gateway         Genmask         Flags   MSS Window  irtt Iface
10.10.10.0      *               255.255.255.0   U         0 0          0 eth1
default         10.10.10.100    0.0.0.0         UG        0 0          0 eth1
```

图 9-15　使用命令 netstat -r

```
[root@RHEL6 ~]# netstat -s
Ip:
    35 total packets received
    3 with invalid addresses
    0 forwarded
    0 incoming packets discarded
    32 incoming packets delivered
    71 requests sent out
Icmp:
    4 ICMP messages received
    0 input ICMP message failed.
    ICMP input histogram:
        echo requests: 1
        echo replies: 3
    4 ICMP messages sent
    0 ICMP messages failed
    ICMP output histogram:
        echo request: 3
        echo replies: 1
IcmpMsg:
        InType0: 3
        InType8: 1
        OutType0: 1
```

图 9-16　使用命令 netstat -s

（3）使用命令 traceroute 追踪网络数据包路由，如图 9-17 所示。

```
[root@RHEL6 ~]# traceroute -n www.sohu.com
traceroute to www.sohu.com (211.159.191.30), 30 hops max, 60 byte packets
 1  10.10.10.100  0.238 ms  0.166 ms  0.164 ms
 2  * * *
 3  * * *
 4  * * *
 5  * * *
 6  * * *
 7  * * *
 8  * * *
 9  * * *
```

图 9-17　使用命令 traceroute

（4）使用命令 arp 显示地址协议，如图 9-18 所示。

```
[root@RHEL6 ~]# arp -a
? (10.10.10.100) at 00:50:56:fb:e8:b4 [ether] on eth1
? (10.10.10.31) at 00:50:56:e9:10:67 [ether] on eth1
[root@RHEL6 ~]# arp -v
Address                  HWtype  HWaddress           Flags Mask            Iface
10.10.10.100             ether   00:50:56:fb:e8:b4   C                     eth1
10.10.10.31              ether   00:50:56:e9:10:67   C                     eth1
Entries: 2     Skipped: 0      Found: 2
```

图 9-18　使用命令 arp

9.3 配置 TCP/IP 网络参数

9.3.1 使用命令方式配置网络参数

在命令行状态下，网络参数的配置命令主要有 ifconfig、ifup、ifdown、route 等。本节主要介绍 ifup 和 ifdown 命令在网络参数配置中的常见用法。

1. 基本命令

（1）ifup。

ifup 命令用于激活指定的网络接口。

ifup 命令语法如下。

ifup（参数）

参数含义如下。

网络接口：要激活的网络接口，如 eth0、eth1 等。

（2）ifdown。

ifdown 命令用于禁用指定的网络接口。

ifdown 命令语法如下。

ifdown（参数）

参数含义如下。

网络接口：要禁用的网络接口，如 eth0、eth1 等。

（3）route。

route 命令用于显示和操作 IP 路由表。

route 命令语法如下。

route（参数）

参数含义如下。

add：增加路由。

del：删除路由。

net：设置到某个网段的路由。

host：设置到某台主机的路由。

gw：设置出口网关 IP 的地址。

dev：设置出口网关的物理设备。

（4）hostname。

hostname 命令用于查看或者临时更改计算机的名称。

hostname 命令语法如下。

hostname 主机名

2. 命令的使用

- 要激活网络接口 eth0,命令如下:

ifup eth0

- 要关闭网络接口 eth0,命令如下:

ifdown eth0

- 将网络接口 eth0 设置为动态获取 IP 地址:

ifconfig eth0 dynamic

- 为系统添加默认网关 192.168.99.100:

route add default gw 192.168.99.100

【例 9-2】用命令配置网络连接。

具体操作步骤如下。

(1)使用命令 ifconfig 查看网络接口。如图 9-19 所示。

```
[root@RHEL6 ~]# ifconfig
eth1      Link encap: Ethernet  HWaddr 00: 0C: 29: 85: 8C: 12
          inet addr: 10. 10. 10. 27  Bcast: 10. 10. 10. 255  Mask: 255. 255. 255. 0
          inet6 addr: fe80:: 20c: 29ff: fe85: 8c12/64 Scope: Link
          UP BROADCAST RUNNING MULTICAST  MTU: 1500  Metric: 1
          RX packets: 77 errors: 0 dropped: 0 overruns: 0 frame: 0
          TX packets: 224 errors: 0 dropped: 0 overruns: 0 carrier: 0
          collisions: 0 txqueuelen: 1000
          RX bytes: 6798 (6. 6 KiB)  TX bytes: 17515 (17. 1 KiB)
          Interrupt: 19 Base address: 0x2000

lo        Link encap: Local Loopback
          inet addr: 127. 0. 0. 1  Mask: 255. 0. 0. 0
          inet6 addr: :: 1/128 Scope: Host
          UP LOOPBACK RUNNING  MTU: 65536  Metric: 1
          RX packets: 16 errors: 0 dropped: 0 overruns: 0 frame: 0
          TX packets: 16 errors: 0 dropped: 0 overruns: 0 carrier: 0
          collisions: 0 txqueuelen: 0
          RX bytes: 960 (960. 0 b)  TX bytes: 960 (960. 0 b)
```

图 9-19　用命令 ifconfig 查看网络接口

(2)使用命令 ifconfig 配置网络接口,先关闭 eth1,接着配置 eth1 的 IP 地址、广播地址和网络地址,再用 ifconfig eth1 来激活 eth1,最后查看 eth1 的状态。如图 9-20 所示。

```
[root@RHEL6 ~]# ifconfig eth1 down
[root@RHEL6 ~]# ifconfig eth1 192.168.99.100 broadcast 192.169.99.255 netmask 25
5.255.255.0
[root@RHEL6 ~]# ifconfig eth1 up
[root@RHEL6 ~]# ifconfig eth1
eth1      Link encap: Ethernet  HWaddr 00: 0C: 29: 85: 8C: 12
          inet addr: 10. 10. 10. 27  Bcast: 10. 10. 10. 255  Mask: 255. 255. 255. 0
          inet6 addr:  fe80:: 20c: 29ff: fe85: 8c12/64 Scope: Link
          UP BROADCAST RUNNING MULTICAST  MTU: 1500  Metric: 1
          RX packets: 90 errors: 0 dropped: 0 overruns: 0 frame: 0
          TX packets: 260 errors: 0 dropped: 0 overruns: 0 carrier: 0
          collisions: 0 txqueuelen: 1000
          RX bytes: 8706 (8. 5 KiB)  TX bytes: 21030 (20. 5 KiB)
          Interrupt: 19 Base address: 0x2000
```

图 9-20　用命令 ifconfig 配置网络接口

9.3.2　使用 NetworkManager 配置网络参数

1. NetworkManager 简介

NetworkManager 是目前 Linux 系统中提供网络连接管理服务的一套软件,也支持传统的 ifcfg 类型配置文件。NetworkManager 有自己的网络管理命令行工具——nmcli,用户可以使用它来查询和管理网络状态。NetworkManager 可用于以下连接类型:以太网、VLAN、网桥、绑定、成组、Wi-Fi、移动宽带(如移动网络 3G)以及 IP-over-InfiniBand。在这些连接类型中,NetworkManager

可配置网络别名、IP 地址、静态路由器、DNS 信息、VPN 连接以及很多具体连接参数。最后，NetworkManager 通过 D-Bus 提供 API。D-Bus 允许应用程序查询并控制网络配置及状态。

NetworkManager 的配置文件和脚本保存在/etc/sysconfig/目录中。大多数网络配置信息都保存在这里，VPN、移动宽带及 PPPoE 配置除外，这几个配置保存在/etc/NetworkManager/子目录中。例如，接口的具体信息保存在/etc/sysconfig/network-scripts/目录下的 ifcfg-*文件中。全局设置使用/etc/sysconfig/network 文件。在命令行中，可以使用 nmcli 工具与 NetworkManager 进行交互。

2. NetworkManager 使用方式

具体操作步骤如下。

（1）命令 nmcli help 可查看 nmcli 的语法，如图 9-21 所示。

（2）命令 nmcli dev 可查看网卡的基本信息，如图 9-22 所示。

```
[root@RHEL6 ~]# nmcli help
用法：nmcli [OPTIONS] OBJECT { COMMAND | help }

OPTIONS
  -t[ erse]       terse output
  -p[ retty]      pretty output
  -v[ ersion]     show program version
  -h[ elp]        print this help

OBJECT
  nm              NetworkManager status
  con             NetworkManager connections
  dev             devices managed by NetworkManager
```

图 9-21　使用命令 nmcli help

```
[root@RHEL6 ~]# nmcli dev
设备        类型              状态
eth1        802-3-ethernet    连接的
```

图 9-22　使用命令 nmcli dev

（3）命令 nmcli con 可显示所有网卡信息，包括活动的和不活动的，如图 9-23 所示。

```
[root@RHEL6 ~]# nmcli con
名称                  UUID                                         类型
  范围       真实时间戳
Auto eth1                3492662b-ec4e-4ebc-8e37-e81457db82d9    802-3-ethernet
  系统       2018年07月07日 星期六  11时17分20秒
System eth0              6903343b-19eb-4faf-8260-c5924c476844    802-3-ethernet
  系统       2018年06月03日 星期日  18时18分35秒
名称                  UUID                                         类型
  范围       真实时间戳
```

图 9-23　使用命令 nmcli con

在图 9-23 中，字母 UUID 表示网卡的唯一识别号，该识别号由一系列数字、字母和短杠组成，该数字从网卡 MAC 中获得。

9.3.3　使用 system-config-network 配置网络参数

system-config-network 网络配置工具可以在基于字符的窗口界面中完成对网络接口的配置操作，包括 IP 地址、子网掩码、网关及 DNS 服务器的配置等。在 Linux 的终端中输入命令 system-config-network 即可进入操作界面，如图 9-24 所示。

```
[root@RHEL6 ~]# system-config-network
```

图 9-24　system-config-network 的运行

在 system-config-network 网络配置界面中，包含有 DNS 配置和设备配置。其中，DNS 配置含有主机配置和主 DNS 及第二、第三 DNS 配置，设备配置含有名称、设备、使用 DHCP、静态 IP、子网掩码、默认网关 IP、主 DNS 服务器等配置。该界面如图 9-25 所示。

在 system-config-network 网络配置界面中，可以通过鼠标选择界面上方的菜单，也可以通过键盘上的上下方向键及 Tab 键在"DNS 配置""设备配置"及"保存并退出"和"退出"中自由选择。如图 9-26 所示，本界面中选中了"设备配置"。

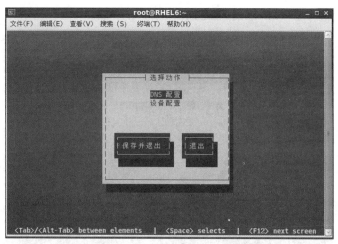

图 9-25 system-config-network 网络配置界面

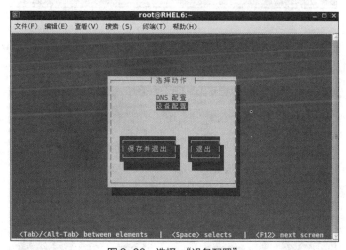

图 9-26 选择 "设备配置"

当用户选择"DNS 配置"时，可以对如图 9-27 所示的内容进行网络配置。

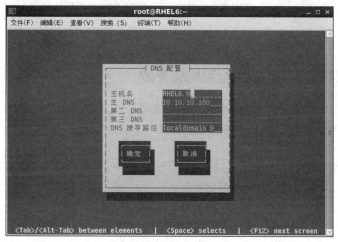

图 9-27 DNS 配置

当用户选择"设备配置"时，会进入如图9-28所示的界面。

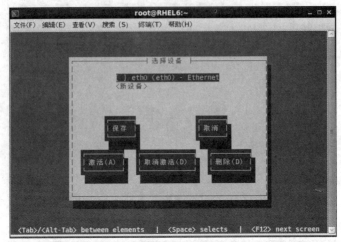

图9-28　设备配置

在网络配置界面中，可以对设备名称、使用DHCP、静态IP、子网掩码、默认网关IP、主DNS服务器、第二DNS服务器等进行相应的设置，如图9-29所示。

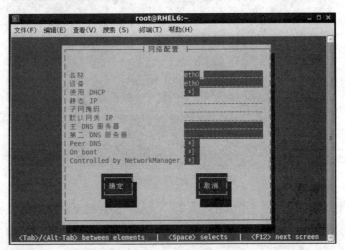

图9-29　网络配置

9.3.4　使用配置文件直接配置网络参数

在Linux中可以通过网络工具配置网络接口，同时也可以通过修改配置文件直接配置网络参数。了解Linux中的配置文件十分重要，从网络配置文件中，可以清楚地知道是如何通过工具修改配置的，以及该配置方式是如何生效的。

Linux中的网络配置文件位于/etc目录下，该目录存放一系列与网络配置相关的文件和目录。

下面详细介绍/etc目录中包含的网络配置文件。

（1）/etc/service。

service文件列出了系统中所有可用的网络服务、所使用的端口号及通信协议等数据。如果两个网络服务需要使用同一个通信端口，那么它们应该使用不同的通信协议。值得注意的是，用户一般不修改此文件的相关内容。

（2）/etc/hosts。

hosts 文件是配置 IP 地址和其对应主机名的文件，这里可以记录本机或其他主机的 IP 及其对应的主机名。在不同的 Linux 版本中，这个配置文件也可能不同。hosts 文件的作用是将一些常用的网址域名和与其对应的 IP 地址建立一个关联"数据库"，当用户在浏览器中输入一个需要登录的网址时，系统会自动从 hosts 文件中寻找对应的 IP 地址，一旦找到，系统会立即打开对应网页，如果没有找到，则系统会再将网址提交给 DNS 域名解析服务器进行 IP 地址的解析。

（3）/etc/resolv.conf。

/etc/resolv.conf 文件是 DNS 客户机配置文件，用于设置 DNS 服务器的 IP 地址及 DNS 域名，还包含了主机的域名搜索顺序。

该文件的参数含义如下。

- nameserver：定义 DNS 服务器的 IP 地址。
- domain：定义本地域名。
- search：定义域名的搜索列表。
- sortlist：对返回的域名进行排序。

（4）/etc/sysconfig/network。

这个文件的主要功能是设置主机名（HostName）及能否启动网络（Network）。

如在命令行中输入命令 cat /etc/sysconfig/network，如图 9-30 所示。

```
[root@RHEL6 ~]# cat /etc/sysconfig/network
NETWORKING=yes
HOSTNAME=RHEL6.9
```

图 9-30　输入命令 cat/etc/sysconfig/network

从图 9-30 可以看出，NETWORKING=yes 表示启动时激活联网，HOSTNAME=RHEL6.9 则代表计算机的主机名。

（5）/etc/sysconfig/network-scripts。

network-scripts 目录包含网络接口的配置文件及网络命令。

该目录中的参数如下。

- ifcfg-ethx：代表第 x 块网卡接口的配置信息。如 eth0、eth1 等分别代表不同的网卡信息。
- ifcfg-lo：定义本地回送接口的相关信息。
- network-functions：它包括用于激活和关停接口设备的脚本函数。
- aliases：别名系统，用来定义网卡别名。

（6）/etc/hosts.allow 和/etc/hosts.deny。

/etc/hosts.allow：设置允许使用 xinetd 服务的机器。

/etc/hosts.deny：设置不允许使用 xinetd 服务的机器。

（7）/etc/passwd。

/etc/passwd 是指用户口令文件，其中/etc/issue 代表系统进站的提示信息，/etc/issue.net 代表 Telnet 时的显示信息，/etc/motd 代表用户进入系统后的提示信息，/etc/ld.so.conf 代表动态链接库文件的目录列表。

9.3.5　使用桌面菜单工具配置网络连接

在 Linux 中配置网络参数，除了使用前文提到过的命令配置、工具配置和配置文件外，还可以直接通过桌面菜单方式来完成，具体操作过程如下。

（1）选择桌面顶部的"系统"→"首选项"→"网络连接"命令，打开"网络连接"对话框，显示如图9-31所示界面。

图9-31　网络连接

（2）如果当前计算机中已经安装了网卡，则在"名称"中会显示网卡的状态。在图9-31中选中Auto eth1（当前使用的网卡），单击对话框右侧"编辑"按钮，打开"正在编辑Auto eth1"对话框，如图9-32所示。

（3）在如图9-32所示的对话框中，有"有线""802.1x安全性""IPv4设置""IPv6设置"等4个选项卡，如要设置计算机中的IPv4，则打开"IPv4设置"选项卡，如图9-33所示。

（4）选择方法为"手动"，然后单击"添加"按钮，在地址栏的文本框中为计算机分别添加IP地址、子网掩码、网关地址等数值，如图9-34所示。该计算机的IP地址为192.168.99.100。

图9-32　"正在编辑Auto eth1"对话框　　图9-33　IPv4设置　　图9-34　添加地址

（5）在添加完所有的数据后，单击"应用"按钮即可保存退出。

【例9-3】网络配置文件的综合运用。

在终端中输入命令cat /etc/resolv.conf，运行结果如图9-35所示。

```
[root@RHEL6 ~]# cat /etc/resolv.conf
# Generated by NetworkManager
domain localdomain
search localdomain 9
nameserver 10.10.10.100
```

图 9-35　输入命令 cat /etc/resolv.conf

该命令的参数含义如下。

domain：定义本地域名。

search：定义域名的搜索列表。

nameserver：定义 DNS 服务器的 IP 地址，将该计算机设置为 10.10.10.100。

9.4　小结

（1）TCP/IP 是 Transmission Control Protocol/Internet Protocol 的简写，译为传输控制协议/因特网互联协议，又名网络通信协议，是 Internet 最基本的协议，也是全球使用最广泛的一种网络通信协议。

（2）在 Linux 中常见的网络调试命令有 ping、netstat、traceroute、ifconfig、arp、nslookup 等。

（3）使用命令行方式配置网络参数的常见命令有 ifup、ifdown、route、hostname 等。NetworkManager 是目前 Linux 系统中提供网络连接管理服务的一套软件，也支持传统的 ifcfg 类型配置文件。NetworkManager 有自己的网络管理命令行工具——nmcli，用户可以使用该工具来查询和管理网络状态。system-config-network 网络配置工具可以在基于字符的窗口界面中完成对网络接口的配置操作，包括对 IP 地址、子网掩码、网关及 DNS 服务器的配置等。在 Linux 的终端中输入命令 system-config-network，即可进入操作界面。在 Linux 中可以通过网络工具配置网络接口，同时也可以通过修改配置文件直接配置网络参数。Linux 中的网络配置文件位于/etc 目录下，该目录存放一系列与网络配置相关的文件和目录。

9.5　实训　网络管理综合实训

1. 实训目的

（1）掌握 Linux 中的网络调试命令。

（2）掌握 Linux 中网络参数的配置方式。

2. 实训内容

（1）登录 Linux，启动 Shell。

（2）使用 Ping 命令测试网络。

（3）使用 netstat 命令查看网络状态。

（4）使用 traceroute 命令追踪数据包在网络上传输时的路径。

（5）使用 ifconfig 命令显示或配置在 Linux 中的网络设备。

（6）使用 ifup 命令激活指定的网络接口。

（7）使用 ifdown 命令禁用指定的网络接口。

（8）使用 route 命令显示和操作 IP 路由表。

（9）使用 hostname 命令查看或者临时更改计算机的名称。

（10）使用 NetworkManager 的配置文件查看网卡信息。

（11）使用 system-config-network 网络配置工具配置网络参数。

（12）使用桌面菜单方式配置网络参数。

9.6　习题

1. 选择题

（1）测试网络是否连通的命令是（　　）。
　　A. ping　　　　　B. root　　　　　　C. route　　　　　D. ip

（2）查看网络状态的命令是（　　）。
　　A. netstat　　　B. ping　　　　　　C. tcp　　　　　　D. ifconfig

（3）nameserver 的含义是（　　）。
　　A. 定义服务器的 IP 地址　　　　　　B. 定义 DNS 服务器的 IP 地址
　　C. 定义 DNS 服务器的所有地址　　　D. 查询 DNS 服务器的 IP 地址

（4）ifcfg-ethx 的含义是（　　）。
　　A. 第 1 块网卡接口的配置信息　　　B. 第 2 块网卡接口的配置信息
　　C. 第 x 块网卡接口的使用信息　　　D. 第 x 块网卡接口的配置信息

（5）（　　）命令用于显示和操作 IP 路由表。
　　A. ls　　　　　　B. route　　　　　C. cal　　　　　　D. ip

（6）（　　）命令用于激活指定的网络接口。
　　A. ifup　　　　　B. ifdown　　　　　C. route　　　　　D. ip

（7）nmcli dev 命令的含义是（　　）。
　　A. 修改网卡的基本信息　　　　　　B. 查看网卡的基本信息
　　C. 设置网卡的基本信息　　　　　　D. 删除网卡的基本信息

（8）arp 命令的含义是（　　）。
　　A. 用于操作主机的 arp 缓冲区　　　B. 用于删除主机的 arp 缓冲区
　　C. 用于修改主机的 arp 缓冲区　　　D. 用于登录主机的 arp 缓冲区

（9）MAC 地址的含义是（　　）。
　　A. 网卡的物理地址　　　　　　　　B. 网卡的逻辑地址
　　C. 网线的物理地址　　　　　　　　D. 网关的物理地址

（10）domain 命令的功能是（　　）。
　　A. 显示本地域名　　B. 修改本地域名　　C. 删除本地域名　　D. 定义本地域名

2. 简答题

（1）简述 TCP/IP 的特点。

（2）简述 Ping 命令的主要功能。

（3）简述 NetworkManager 的配置文件的使用方式。

（4）简述使用 system-config-network 网络配置工具配置网络参数的方式。

第10章

Linux远程管理

10

【本章导读】

本章先介绍 Linux 系统下的两种远程登录管理方式，然后介绍 RHEL 系统中常用的远程桌面登录服务器 vino-vnc 的启动、配置以及登录，tiger-vnc 服务器的安装、启动、配置以及登录，最后介绍远程字符界面登录服务器 OpenSSH 的安装、启动、配置以及登录。

【本章要点】

① 安装、启动与配置 VNC 远程桌面
② 登录 VNC 远程桌面
③ 安装、启动与配置 OpenSSH 服务器
④ 登录 OpenSSH 服务器

10.1　VNC 远程桌面登录管理

10.1.1　远程桌面概述

在实际应用中，往往需要远程登录 Linux 系统来对 Linux 进行配置和管理。远程登录 Linux 系统可以使用远程的图形界面（远程桌面），也可以使用远程的字符界面（Shell）。使用远程的图形界面可以使用 VNC 远程桌面服务器，使用远程的字符界面可以使用 OpenSSH 服务器。

Linux 下的 VNC 最初是由 AT&T 实验室开发的远程桌面控制软件，通过 GPL 授权的形式开源。经过多年的发展，VNC 衍生出多个版本，如 RealVNC、TigerVNC、TightVNC 等。RHEL 系统中常用的两种 VNC 远程桌面系统有 vino-vnc 和 tiger-vnc。vino-vnc 在安装 GNOME 桌面环境时默认安装，是一种轻量级的 VNC 远程桌面控制系统，设置及使用非常简单。tiger-vnc 需要单独安装，但可进行灵活多变的功能设置。这两种远程桌面控制系统的软件在安装光盘中都可以找到，也可以在相关网站进行下载。Linux 系统和 Windows 系统都可以使用 TigerVNC 等 VNC 客户端软件来进行远程桌面登录。

10.1.2　vino-vnc 远程桌面

RHEL 的 GNOME 桌面环境中，vino-vnc 默认安装但没有运行，可通过如下两种方法启动。

方法 1：在主菜单中选择"系统"→"首选项"→"远程桌面"命令。

方法 2：在终端中执行 vino-preferences 命令。

使用这两种方法，均弹出"远程桌面首选项"对话框，如图 10-1 所示。设置内容分成了"共享"

"安全"和"通知区域"三个区域。"共享"区域设置桌面共享模式，可设置查看或控制，默认选项是"允许其他用户控制您的桌面"。"安全"区域设置访问模式，可设定是否需要为每个访问进行确认，以及设置访问密码等，默认为"必须为本机器确认每个访问"。"通知区域"设置图标显示模式，可设置图标的显示状态，默认为"仅在别人连接上时显示图标"。

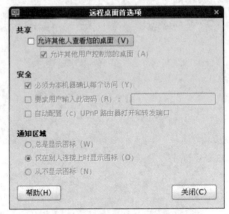

图 10-1 "远程桌面首选项"对话框

无论选择何种共享模式，控制端和被控制端将显示同样的桌面。在这一点上，vino-vnc 有点类似于 Windows 系统的"远程协助"。vino-vnc 允许多个用户同时登录，多个用户和服务器端也共享相同的桌面环境，即多个用户看到的界面是一样的。任何一个用户的操作及操作的结果，服务器端和远程登录用户端都会同步显示。

【例 10-1】设置 vino-vnc，要求用户输入密码 1234，不必为本机器确认每个访问。

运行 vino-vnc，在图 10-1 中，勾选"共享"区域的"允许其他人查看您的桌面"复选框，然后勾选"要求用户输入此密码"复选框，取消对"必须为本机器确认每个访问"复选框的选择。此时，用户输入密码的文本框变成可编辑状态，输入密码 1234（密码显示为黑点），最后单击"关闭"按钮，如图 10-2 所示。

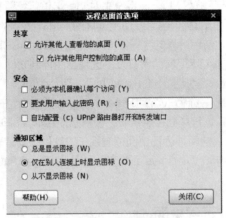

图 10-2 设置远程桌面首选项

【例 10-2】在 Windows 系统中远程登录例 10-1 中设置并运行的 vino-vnc 服务器。
具体操作步骤如下。
（1）查询 VNC 服务器的 IP 地址。

使用 ifconfig 命令可显示当前的 IP 地址等网络参数信息。

```
[root@RHEL6 ~]# ifconfig
eth0        Link encap:Ethernet    HWaddr 00:0C:29:C1:CC:E7
            inet addr:10.10.10.101   Bcast:10.10.10.255   Mask:255.255.255.0
            inet6 addr: fe80::20c:29ff:fec1:cce7/64 Scope:Link
            UP BROADCAST RUNNING MULTICAST   MTU:1500   Metric:1
            RX packets:61784 errors:0 dropped:0 overruns:0 frame:0
            TX packets:51838 errors:0 dropped:0 overruns:0 carrier:0
            collisions:0 txqueuelen:1000
            RX bytes:40904873 (39.0 MiB)   TX bytes:20107537 (19.1 MiB)
            Interrupt:19 Base address:0x2024
```

上述信息表示服务器的 IP 地址为 10.10.10.101。

（2）关闭 VNC 服务器端的防火墙。

防火墙默认阻止客户端对 vino-vnc 服务器的访问，可设置防火墙允许客户端对 vino-vnc 服务器的访问，也可简单地将防火墙关闭。关闭防火墙命令如下。

```
[root@RHEL6 ~]# service iptables stop
iptables：将链设置为政策 ACCEPT：filter                    [确定]
iptables：清除防火墙规则：                                  [确定]
iptables：正在卸载模块：                                    [确定]
[root@RHEL6 ~]#
```

（3）使用客户端软件登录 vino-vnc 服务器。

首先设置客户端和服务器端网络参数，使客户端能够访问到服务器端。本例使用远程客户端软件 TigerVNC Viewer-1.9.0。该软件为绿色软件，直接运行该软件，在 VNC server 文本框中输入 vino-vnc 服务器的 IP 地址 10.10.10.101，如图 10-3 所示。

图 10-3　输入服务器端 IP 地址

（4）在图 10-3 中单击"Connect"按钮，弹出"VNC authentication"对话框，在"Password"文本框中输入 1234（密码显示为黑点），如图 10-4 所示。

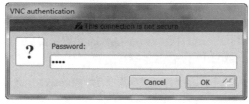

图 10-4　输入密码

（5）在图10-4中单击"OK"按钮，远程登录成功，显示远程桌面，如图10-5所示。

图10-5 远程登录vino-vnc

10.1.3 tiger-vnc 远程桌面

1. 安装 tiger-vnc

tiger-vnc 可通过 RHEL 6.9 安装光盘来安装，也可在相关网站下载最新版本来安装。tiger-vnc 软件包的名称是 tigervnc-server-1.1.0-24.el6.i686.rpm，路径为光盘根目录下的 Packages 子目录。

【例 10-3】通过安装光盘安装 tiger-vnc 软件包。

挂载安装光盘，进入安装光盘的根目录的 Packages 目录。执行如下安装命令。

```
[root@RHEL6 Packages]# rpm   -ivh   tigervnc-server-1.1.0-24.el6.i686.rpm

warning: tigervnc-server-1.1.0-24.el6.i686.rpm: Header V3 RSA/SHA256 Signature, key ID fd431d51: NOKEY

Preparing...                ########################################### [100%]
    1:tigervnc-server        ########################################### [100%]
[root@RHEL6 Packages]#
```

2. 设置 VNC 用户

tiger-vnc 的配置文件是/etc/sysconfig/vncservers，在此文件中配置 VNC 的访问用户及进行其他访问参数设置。常用格式如下。

```
VNCSERVERS= "桌面号:用户名   桌面号:用户名 ..."

VNCSERVERARGS[桌面号]="-geometry 显示器分辨率 –alwaysshared "

VNCSERVERARGS[桌面号]="-geometry 显示器分辨率 –alwaysshared "
```

参数详解如下。

桌面号：设置桌面号。tiger-vnc 为客户端的每个连接分配一个桌面号，也可以多个连接对应一个桌面号。每个桌面号对应一个系统中的用户，每个远程连接拥有相应用户的权限。桌面号为从 1 开始的整数值。

用户名：系统中存在的用户。

geometry：设置客户端的显示器分辨率，默认设置为 1024×768。

alwaysshared：设置多个用户共享桌面，默认设置为不共享。

【例 10-4】设置用户 root 的桌面号为 1，分辨率为 800×600。

修改配置文件/etc/sysconfig/vncservers 为如下内容：

```
VNCSERVERS="1:root"
VNCSERVERARGS[1]="-geometry 800x600 "
```

【例 10-5】设置用户 root 的桌面号为 1、分辨率为 800×600，用户 student1 的桌面号为 2、分辨率为 800×600。

在系统中创建用户 student1，修改例 10-4 中设置的配置文件/etc/sysconfig/vncservers 为如下内容：

```
VNCSERVERS="1:root    2:student1"
VNCSERVERARGS[1]="-geometry 800x600 "
VNCSERVERARGS[2]="-geometry 800x600 "
```

3. 设置 VNC 用户密码

用户的密码被保存在用户主目录.vnc 目录下的 passwd 文件中。在设置用户的 VNC 密码时，需要切换到该用户，或以该用户登录系统，然后在终端执行 vncpasswd 命令。在没有设置 VNC 用户密码时，VNC 服务器将不会启动。密码需要重复输入 2 次，且最少为 6 个字符。

【例 10-6】设置例 10-5 中的 root、student1 这 2 个用户的 VNC 密码分别为 123456 和 1234561。

```
[root@RHEL6 ~]# vncpasswd
Password:
Verify:
[root@RHEL6 ~]# su - student1
[student1@RHEL6 ~]$ vncpasswd
Password:
Verify:
[student1@RHEL6 ~]$ exit
logout
[root@RHEL6 ~]#
```

在第 1 个 "Password:" 和 "Verify:" 中分别输入 123456，在第 2 个 "Password:" 和 "Verify:" 中分别输入 1234561。值得注意的是，输入的密码不显示。

4. 管理 tiger-vnc 服务器

使用如下命令格式管理 tiger-vnc：

```
service vncserver [start|stop|restart|status]
```

tiger-vnc 的服务器名为 vncserver，start、stop、restart、status 分别表示启动、停止、重启

和查询 tiger-vnc 服务器。

【例 10-7】使用 service 命令启动 tiger-vnc，其中 VNC 用户按照例 10-5 设置，VNC 用户密码按照例 10-6 设置。

```
[root@RHEL6 ~]# service vncserver start
正在启动 VNC 服务器：1:root xauth:  file /root/.Xauthority does not exist
xauth: (stdin):1:  bad display name "RHEL6.9:1" in "add" command

New 'RHEL6.9:1 (root)' desktop is RHEL6.9:1

Creating default startup script /root/.vnc/xstartup
Starting applications specified in /root/.vnc/xstartup
Log file is /root/.vnc/RHEL6.9:1.log

New 'RHEL6.9:2 (student1)' desktop is RHEL6.9:2

Creating default startup script /home/student1/.vnc/xstartup
Starting applications specified in /home/student1/.vnc/xstartup

Log file is /home/student1/.vnc/RHEL6.9:2.log

                                                    [确定]
[root@RHEL6 ~]#
```

5. 查看当前用户的 tiger-vnc 桌面号

用户、桌面号以及端口号是一一对应的。远程登录时，可以根据 IP 地址和桌面号登录，无须输入端口号以及用户名。查看当前用户的桌面号命令格式如下。

```
vncserver –list
```

【例 10-8】查看 root 用户的桌面号。

```
[root@RHEL6 ~]# vncserver –list

TigerVNC server sessions:

X DISPLAY #    PROCESS ID
:1             3364
[root@RHEL6 ~]#
```

上述显示信息表示 root 用户的桌面号为 1。

6. 登录 tiger-vnc

【例 10-9】使用 IP 地址和桌面号远程登录例 10-7 中启动的 VNC 服务器。VNC 服务器的 IP 地址为 10.10.10.101，桌面号为 1，访问密码为 123456。

具体操作步骤如下。

（1）运行 TigerVNC Viewer-1.9.0，输入 IP 地址和桌面号，如图 10-6 所示。

图 10-6　输入 IP 地址和桌面号

（2）在图 10-6 中单击"Connect"按钮，弹出"VNC authentication"对话框，在"Password"文本框中输入 123456（密码显示为黑点），如图 10-7 所示。

图 10-7　输入密码

（3）在图 10-7 中，单击"OK"按钮，远程登录成功，显示远程桌面，如图 10-8 所示。

图 10-8　远程登录 tiger-vnc

10.2　OpenSSH 远程登录管理

10.2.1　OpenSSH 概述

传统的 Telnet 等远程登录方式采用明文方式进行数据传输，难以保证数据的安全性。SSH

（Secure Shell）是一种允许两台电脑之间通过安全的连接进行数据交换的网络安全数据传输软件。该软件采用加密的方式保证了数据的保密性和完整性。SSH是商业软件，RHEL中采用的是OpenSSH。OpenSSH是SSH软件的开源实现，分为服务器端和客户端。

10.2.2　配置 OpenSSH 服务器

1. OpenSSH 的安装

OpenSSH在RHEL 6.9中默认安装，并且开机自动运行。防火墙默认允许客户端远程登录访问，因此不需要对防火墙进行单独设置。

【例10-10】查询OpenSSH是否安装。

```
[root@RHEL6 ~]# rpm -qa | grep openssh-server
openssh-server-5.3p1-122.el6.i686
[root@RHEL6 ~]#
```

上述信息显示OpenSSH已经安装。

2. 启动、关闭、重启 OpenSSH 服务器与查看当前状态

OpenSSH服务器管理的命令格式如下：

```
service sshd [start|stop|restart|status]
```

OpenSSH的服务器名为sshd，start、stop、restart和status分别表示启动、停止、重启和查询OpenSSH服务器的当前状态。

【例10-11】查询OpenSSH当前的状态。

```
[root@RHEL6 ~]# service sshd status
openssh-daemon (pid   2328) 正在运行...
[root@RHEL6 ~]#
```

上述信息显示OpenSSH正在运行。在不同系统中，OpenSSH进程的PID可能不一样，本例中的PID为2328。

【例10-12】重启OpenSSH服务器。

```
[root@RHEL6 ~]# service  sshd  restart
停止 sshd:                                        [确定]
正在启动 sshd:                                    [确定]
[root@RHEL6 ~]#
```

上述信息显示OpenSSH先停止，然后又启动。

3. OpenSSH 服务器的配置文件/etc/ssh/sshd_config

配置文件中提供了对OpenSSH服务器运行参数的修改和设置。

常用参数设置如下。

Port：默认端口是22。如果要将服务器端口改成其他端口，需要设置Port参数。

Protocol：默认使用SSH2协议。如果需要使用其他协议，需要设置Protocol参数。

【例10-13】修改OpenSSH服务器的端口为122。

修改/etc/ssh/sshd_config 的 13 行为：

```
Port 122
```

修改后需要重启OpenSSH服务器，以使新的参数生效。一般情况下不需要修改端口号。

10.2.3 登录 OpenSSH 服务器

登录 OpenSSH 服务器之前，要先确认已经配置好服务器端，并准备好客户端，且设置好了网络参数。RHEL 6.9 在安装的时候，默认已经安装了 OpenSSH 客户端，不必另外安装客户端软件。如果客户端是 Windows 系统，则需要预先准备客户端软件。

1. Linux 系统登录 RHEL 的 OpenSSH 服务器

使用 ssh 命令登录 OpenSSH 服务器，其基本格式为：

```
ssh [选项] IP 地址
```

常用选项如下。

–l username：用指定的用户登录，默认为当前用户。

【例 10-14】登录 IP 地址为 10.10.10.101 的 OpenSSH 服务器，登录用户为 root，密码为 12345678。

```
[root@RHEL6 ~]# ssh 10.10.10.101
The authenticity of host '10.10.10.101 (10.10.10.101)' can't be established.
RSA key fingerprint is f3:06:68:27:22:7f:99:98:b1:9b:73:fc:2f:51:d3:1f.
Are you sure you want to continue connecting (yes/no)? yes
Warning: Permanently added '10.10.10.101' (RSA) to the list of known hosts.
root@10.10.10.101's password:
[root@RHEL6 ~]#
```

首次连接 OpenSSH 服务器，用户需确认是否继续连接服务器，在"（yes/no）？"后输入 yes，按 Enter 键，然后在"password:"后输入密码 12345678，按 Enter 键。这样，本机就远程登录进入了 OpenSSH 服务器的 Shell 了。当需要退出远程连接时，执行 exit 命令即可。

第 2 次登录时，输入用户密码即可，如下所示。

```
[root@RHEL6 ~]# ssh 10.10.10.101
root@10.10.10.101's password:
Last login: Sat Jan 12 20:25:23 2019 from 10.10.10.102
[root@RHEL6 ~]#
```

2. Windows 系统登录 RHEL 的 OpenSSH 服务器

Windows 系统中可使用 PuTTY 软件登录到 OpenSSH 服务器。PuTTY 是一款很小的绿色软件，软件名为 putty.exe，可在相关网站下载，直接运行即可。PuTTY 软件可用于 Telnet、Rlogin、SSH 等多种方式登录，默认为 SSH 登录。

【例 10-15】使用 PuTTY 软件登录 OpenSSH 服务器，服务器的 IP 地址为 10.10.10.101，登录用户为 root，密码为 12345678。

具体操作步骤如下。

（1）运行 PuTTY，弹出 PuTTY 软件主界面，输入 IP 地址，如图 10-9 所示。

（2）在图 10-9 中，单击"Open"按钮。首次运行 PuTTY 将弹出"PuTTY Security Alert"对话框，如图 10-10 所示，单击"是"按钮，进入如图 10-11 所示的界面。

（3）在图 10-11 中，按照提示输入用户名 root 和密码 12345678（密码不显示），即以 root 用户身份登录进入远程服务器的 Shell。

图 10-9　输入 IP 地址

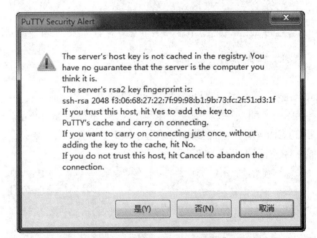

图 10-10　"PuTTY Security Alert"对话框

图 10-11　输入用户名和密码

10.3 小结

（1）启动与配置 vino-vnc 远程桌面。

（2）登录 vino-vnc 远程桌面。

（3）安装、启动与配置 tiger-vnc 远程桌面。

（4）登录 tiger-vnc 远程桌面。

（5）安装、启动与配置 OpenSSH 服务器。

（6）登录 OpenSSH 服务器。

10.4 实训　Linux 远程管理综合实训

1. 实训目的

（1）掌握启动与配置 VNC 远程桌面的方法。

（2）掌握登录 VNC 远程桌面的方法。

（3）掌握安装、启动与配置 OpenSSH 服务器的方法。

（4）掌握登录 OpenSSH 服务器的方法。

2. 实训内容

（1）运行和设置 vino-vnc 服务器。

（2）利用安装光盘安装、配置和运行 tiger-vnc 服务器。

（3）下载 Windows 中的 tiger-vnc 客户端软件。

（4）下载 Windows 中的 PuTTY 客户端软件。

（5）使用 tiger-vnc 客户端软件登录 vino-vnc 和 tiger-vnc 远程桌面服务器。

（6）使用 PuTTY 客户端软件登录 OpenSSH 服务器。

10.5 习题

1. 填空题

（1）Linux 的远程桌面实际上是一种_____的服务模式。

（2）Linux 中常用的 VNC 远程桌面系统有_____和_____。

（3）以账号 student1 登录本机 SSH 服务器的命令为_____。

2. 判断题

（1）Linux 的远程桌面服务器一定要关闭防火墙，否则客户端不能登录。（　　）

（2）OpenSSH 服务器提供了类似于 Telnet 的远程登录服务。（　　）

（3）OpenSSH 服务器能提供更安全的 FTP 服务。（　　）

（4）OpenSSH 服务器的端口号是 22。（　　）

（5）默认情况下，root 用户不能登录 OpenSSH 服务器。（　　）

3. 简答题

（1）如何在 Linux 系统中实现 tiger-vnc 远程桌面？

（2）如何在 Linux 系统中实现 OpenSSH 远程登录？

第11章
Linux安全设置及日志管理

11

【本章导读】

本章首先介绍了 Linux 中的常见安全设置，包括账号、登录和网络安全设置，然后介绍了 Linux 中的日志管理相关知识，包括日志的管理和维护等，推动形成良好网络生态。

【本章要点】

① Linux 账号安全设置   ③ Linux 网络安全设置
② Linux 登录安全设置   ④ Linux 日志的管理和维护

11.1　Linux 安全设置

随着 Linux 的日益普及，越来越多的用户开始使用不同版本的 Linux 系统。Linux 作为一个开源系统，其安全性也受到越来越多的挑战，用户在使用 Linux 系统时也会遇到越来越多的安全性问题。学习 Linux 安全设置将有助于创建一个更安全的 Linux 系统环境。本节将通过几个方面简要介绍 Linux 系统中常见的安全设置。

11.1.1　账号安全设置

1. 修改 root 账号权限

root 是系统中的超级用户，具有系统中所有的权限，如启动或停止一个进程，删除或增加用户，增加或者禁用硬件等。可以通过修改 root 的 UID 号，将普通用户的 UID 改为 0，使 root 变为普通用户，普通用户成为 root；也可以修改 root 账号的名称为普通用户名，这样，即使 root 遭到破解，也没有权限进行任何操作。

（1）通过命令 id 查看用户 UID 和 GID。

```
[root@RHEL6 ~]# id root
uid=0(root) gid=0(root) 组=0(root)
```

（2）直接编辑 etc/passwd 文件，文件内容如下。

```
root:x:0:0:root:/root:/bin/bash
bin:x:1:1:bin:/bin:/sbin/nologin
daemon:x:2:2:daemon:/sbin:/sbin/nologin
adm:x:3:4:adm:/var/adm:/sbin/nologin
```

lp:x:4:7:lp:/var/spool/lpd:/sbin/nologin

sync:x:5:0:sync:/sbin:/bin/sync

shutdown:x:6:0:shutdown:/sbin:/sbin/shutdown

halt:x:7:0:halt:/sbin:/sbin/halt

mail:x:8:12:mail:/var/spool/mail:/sbin/nologin

…

由该文件内容可以看到，每一行代表一个用户的信息，一共包括 7 个字段的信息，每个字段的信息用冒号隔开，分别为 LogName:PassWord:UID:GID:UserInfo:Home:Shell。

第 1 个字段为用户名，第 3 个字段为用户 ID(UID)，第 4 个字段为组 ID(GID)。可通过 vi /etc/passwd 修改 root 用户名为新用户名。

【例 11-1】修改 root 账户的登录用户名。

[root@RHEL6 ~]#vi /etc/passwd

按 I 键进入编辑状态。

修改第 1 行第 1 个 root 为新的用户名。

按 Esc 键退出编辑状态，并输入:x 保存并退出。

[root@RHEL6 ~]#vi /etc/shadow

按 I 键进入编辑状态。

修改第 1 行第 1 个 root 为新的用户名。

按 Esc 键退出编辑状态，并输入:x!强制保存并退出。

2. 删除不必要的用户和组

在系统中，账户越多，系统就越不安全，越容易受到攻击。管理用户的 root 账号所属的组拥有系统运营文件的访问权限，如果该组疏忽管理，一般用户就有可能会以管理员的权限非法访问系统，进行恶意修改或变更等操作，因此该组也保留尽可能少的账号。

语法格式如下。

userdel（选项）（参数）

-f: 强制删除用户，即使用户当前已登录。

-r: 在删除用户的同时，删除与用户相关的所有文件。

【例 11-2】删除用户 username 和组 groupname。

[root@RHEL6 ~]# userdel   username

[root@RHEL6 ~]# groupdel   groupname

Linux 系统中可以删除的默认用户和组有：用户如 adm、lp、sync、shutdown、halt、news、uucp、operator、games、gopher 等；组如 adm、lp、news、uucp、games、dip、pppusers、popusers、slipus 等。

 注意 请不要轻易使用-r 选项，它会在删除用户的同时删除用户所有的文件和目录。切记如果用户目录下有重要的文件，在删除前请备份。

3. 账号密码安全设置

如果需要控制整个系统，需要获得管理员或超级管理员的密码。弱密码易于破解，但强密码难以破解，即使能破解也需要花费大量时间，因此系统管理账户必须使用强密码。

密码设置的一般规则如下。

- 数字、大写字母、小写字母、特殊符号，4 个类别最少选择 3 个类别。
- 密码长度尽可能足够长，一般大于 7 位。
- 最好使用随机字符串，不要使用较为规则的字符串。
- 要定期进行密码更换，一般是两个月。
- 密码的循环周期要大，避免重复使用旧密码。

密码设置安全性策略如下。

- 密码必须符合复杂性要求。
- 密码长度最小值设定。
- 密码的最长使用期限设定。
- 密码的最短使用期限设定。
- 强制密码历史。
- 用可还原的加密存储密码。

修改用户密码可使用 passwd 命令，passwd 命令语法如下。

```
[root@RHEL6 ~]# passwd --help
```

用法：passwd [选项...] <账号名称>
选项参数如下：

-k, --keep-tokens	保持身份验证令牌不过期。
-d, --delete	删除已命名账号的密码（只有根用户才能进行此操作）。
-l, --lock	lock the password for the named account (root only)
-u, --unlock	unlock the password for the named account (root only)
-e, --expire	expire the password for the named account (root only)
-f, --force	强制执行操作。
-x, --maximum=DAYS	密码的最长有效时限（只有根用户才能进行此操作）
-n, --minimum=DAYS	密码的最短有效时限（只有根用户才能进行此操作）
-w, --warning=DAYS	在密码过期前多少天开始提醒用户（只有根用户才能进行此操作）。
-i, --inactive=DAYS	在密码过期后经过多少天该账号会被禁用（只有根用户才能进行此操作）。
-S, --status	报告已命名账号的密码状态（只有根用户才能进行此操作）。
--stdin	从标准输入读取令牌（只有根用户才能进行此操作）。

Help options:

-?, --help	Show this help message
--usage	Display brief usage message

【例 11-3】清除用户密码。

```
[root@localhost ~]# passwd -d linuxtest   //清除 linuxtest 用户密码
[root@localhost ~]# passwd -S linuxtest   //查询 linuxtest 用户密码状态
```

注意 在清除一个用户的密码时，登录时就无须密码，这一点要加以注意。普通用户执行 passwd 只能修改自己的密码。新建用户后，要为新用户创建密码，用 passwd<用户名>，注意要以 root 用户的权限来创建。当前用户如果想更改自己的密码，直接运行 passwd 即可。

11.1.2　登录安全设置

1.　禁用 root 账号登录

Linux 最高权限用户 root，默认可以直接登录 sshd。为了提高服务器的安全度，需要对它进行禁止，使得攻击者无法通过暴力破解获取 root 权限。

【例 11-4】禁用 root 账号登录。

（1）在终端执行：

```
[root@localhost ~]#vi /etc/ssh/sshd_config
```

（2）查找 #PermitRootLogin yes，将前面的 # 去掉，短尾 yes 改为 no，并保存文件，PermitRootLogin yes 修改为 PermitRootLogin no。

（3）修改完毕，重启 sshd 服务：

```
[root@localhost ~]#service sshd restart
```

> **注意**
>
> 禁用 root 登录之前，一定要确认其他用户可以登录，并且具备 root 权限。

2.　超时自动注销账号

在使用 SSH 登录 Linux 服务器的时候，有时需要离开电脑，如果在此期间有其他人使用电脑对 Linux 服务器进行一些错误操作，可能会带来一定损失。如果设置一个自动超时注销，相对来说就安全得多了，自动超时注销即在一定时间内没有做任何操作就自动注销。

以 root 用户登录系统，输入 vi /etc/profile 命令，编辑 profile 文件。查找 TMOUT，若没有，则可以在文件最后添加如下语句：

```
TMOUT=300
export TMOUT
```

其中，300 表示自动注销的时间为 300 秒。编辑好文件后，保存，退出，重新登录，设置即生效。

3.　禁用重启热键

在 Linux 里，出于对安全性的考虑，允许任何人使用组合键 Ctrl+Alt+Del 来重启系统。但是在生产环境中，应该停用组合键 Ctrl+Alt+Del 重启系统的功能。

查看文件：

```
[root@localhost ~]#vi　/etc/init/control-alt-delete.conf
```

配置文件信息：

```
# control-alt-delete - emergency keypress handling
#
# This task is run whenever the Control-Alt-Delete key combination is
# pressed.   Usually used to shut down the machine.
#
# Do not edit this file directly. If you want to change the behaviour,
# please create a file control-alt-delete.override and put your changes there.


start on control-alt-delete
```

exec /sbin/shutdown -r now "Control-Alt-Delete pressed"

找到 start on control-alt-delete，将其更改为#start on control-alt-delete。

11.1.3　网络安全设置

1．取消不必要的进程和服务

（1）进程的管理。

ps 命令能够给出当前系统中进程的快照。

【例 11-5】查看当前系统进程数目。

```
[root@RHEL6 ~]# ps aux|wc -l
162
```

其中 ps 命令的使用语法参考如下。

```
[root@RHEL6 ~]# ps --help
********* simple selection *********    ********* selection by list *********

-A all processes                         -C by command name

-N negate selection                      -G by real group ID (supports names)

-a all w/ tty except session leaders     -U by real user ID (supports names)

-d all except session leaders            -g by session OR by effective group name

-e all processes                         -p by process ID

                                         -q by process ID (unsorted & quick)


T   all processes on this terminal       -s processes in the sessions given

a   all w/ tty, including other users    -t by tty

g   OBSOLETE -- DO NOT USE               -u by effective user ID (supports names)

r   only running processes               U   processes for specified users

x   processes w/o controlling ttys       t   by tty

*********** output format **********    *********** long options ***********

-o,o user-defined   -f full             --Group --User --pid --cols --ppid

-j,j job control    s   signal          --group --user --sid --rows --info

-O,O preloaded -o   v   virtual memory   --cumulative --format --deselect

-l,l long           u   user-oriented   --sort --tty --forest --version

-F   extra full     X   registers       --heading --no-heading --context

                                        --quick-pid


           ********* misc options *********

-V,V   show version      L   list format codes       f   ASCII art forest

-m,m,-L,-T,H  threads    S   children in sum          -y change -l format

-M,Z   security data     c   true command name        -c scheduling class

-w,w   wide output       n   numeric WCHAN,UID        -H process hierarchy
```

通过运行 ps aux 列出所有进程，通过 kill 命令结束进程，再通过 ps aux|wc－l 命令查看进程数，可以看出进程减少的数目（不必要的进程越少越好）。

【例 11-6】通过 ps aux 查询进程（部分进程如下）。

```
[root@RHEL6 ~]#ps aux
...
root     3376  0.3  1.5  94308 15768 ?       Sl   21:27   0:01 /usr/bin/gnome-
root     3377  0.0  0.0   2076   624 ?       S    21:27   0:00 gnome-pty-helpe
root     3378  0.0  0.1   6856  1648 pts/0   Ss   21:27   0:00 /bin/bash
root     3492  0.5  1.7  80508 17820 ?       S    21:35   0:00 gedit /root/桌面
root     3510  1.0  0.1   6556  1096 pts/0   R+   21:36   0:00 ps aux
...
```

结束 gedit 进程。

```
[root@RHEL6 ~]#kill  3492
```

（2）系统服务管理。

可以通过命令 chkconfig --list 列出所有的系统服务。

```
[root@RHEL6 ~]# chkconfig --list
```

NetworkManager	0:关闭	1:关闭	2:启用	3:启用	4:启用	5:启用	6:关闭
abrt-ccpp	0:关闭	1:关闭	2:关闭	3:启用	4:关闭	5:启用	6:关闭
abrtd	0:关闭	1:关闭	2:关闭	3:启用	4:关闭	5:启用	6:关闭
acpid	0:关闭	1:关闭	2:启用	3:启用	4:启用	5:启用	6:关闭
atd	0:关闭	1:关闭	2:关闭	3:启用	4:启用	5:启用	6:关闭
auditd	0:关闭	1:关闭	2:启用	3:启用	4:启用	5:启用	6:关闭
autofs	0:关闭	1:关闭	2:关闭	3:启用	4:启用	5:启用	6:关闭
blk-availability	0:关闭	1:启用	2:启用	3:启用	4:启用	5:启用	6:关闭
bluetooth	0:关闭	1:关闭	2:关闭	3:关闭	4:启用	5:启用	6:关闭
certmonger	0:关闭	1:关闭	2:关闭	3:启用	4:启用	5:启用	6:关闭
cgconfig	0:关闭	1:关闭	2:启用	3:关闭	4:关闭	5:关闭	6:关闭
cgred	0:关闭	1:关闭	2:关闭	3:关闭	4:关闭	5:关闭	6:关闭
cpuspeed	0:关闭	1:启用	2:启用	3:启用	4:启用	5:启用	6:关闭
crond	0:关闭	1:关闭	2:启用	3:启用	4:启用	5:启用	6:关闭
dnsmasq	0:关闭	1:关闭	2:关闭	3:关闭	4:关闭	5:关闭	6:关闭
firstboot	0:关闭	1:关闭	2:关闭	3:关闭	4:关闭	5:关闭	6:关闭

chkconfig 参数用法如下。

--add：增加所指定的系统服务，让 chkconfig 指令得以管理它，并同时在系统启动的叙述文件内增加相关数据。

--del：删除所指定的系统服务，不再由 chkconfig 指令管理，并同时在系统启动的叙述文件内删除相关数据。

--level<等级代号>：指定读系统服务要在哪一个执行等级中开启或关闭。

等级 0 表示关机。

等级 1 表示单用户模式。

等级 2 表示无网络连接的多用户命令行模式。

等级 3 表示有网络连接的多用户命令行模式。

等级 4 表示不可用。

等级 5 表示带图形界面的多用户模式。

等级 6 表示重新启动。

【例 11-7】chkconfig 命令管理服务。

```
[root@RHEL6 ~]#  chkconfig –add httpd       //开启 httpd 服务
[root@RHEL6 ~]#  chkconfig –list             //列出 chkconfig 所知道的所有服务的情况
[root@RHEL6 ~]#  chkconfig –del httpd        //关闭 httpd 服务
```

2. 禁止系统响应任何从外部/内部来的 Ping 请求

修改文件/proc/sys/net/ipv4/icmp_echo_ignore_all 的值。默认情况下 icmp_echo_ignore_all 的值为 0，表示响应 Ping 操作。

切换到 root，输入命令：

```
[root@RHEL6 ~]# echo 1 > /proc/sys/net/ipv4/icmp_echo_ignore_all
```

这样就将/proc/sys/net/ipv4/icmp_echo_ignore_all 文件里面的 0 临时改为了 1，从而实现禁止 ICMP 报文的所有请求，达到禁止 Ping 的效果。网络中的其他主机 Ping 该主机时会显示"请求超时"，但该服务器此时是可以 Ping 其他主机的。

如果想启用 ICMP 响应，则输入：

```
[root@RHEL6 ~]# echo 0 > /proc/sys/net/ipv4/icmp_echo_ignore_all
```

上面这个方法只是临时的，一旦服务器重启就又会回到默认的 0 状态（假设修改前/proc/sys/net/ipv4/icmp_echo_ignore_all 里面的值就是 0）。如果想不再受服务器关机或重启的影响，可以使用如下方法：

```
[root@RHEL6 ~]# vim /etc/sysctl.conf
```

添加一条信息：net.ipv4.icmp_echo_ignore_all = 1，保存并退出。

```
[root@RHEL6 ~]# sysctl –p    #配置生效。
```

注意　启用 ICMP 响应，不能直接在/etc/sysctl.conf 里删除配置，而应该修改上述值为 0。

3. 防火墙

防火墙（Fire Wall）指的是一个由软件和硬件设备组合而成，在内部网和外部网之间、专用网与公共网之间的界面上构造的保护屏障，是一种获取安全性方法的形象说法。它是一种计算机硬件和软件的结合，使互联网（Internet）与内联网（Intranet）之间建立起一个安全网关（Security Gateway），从而保护内部网免受非法用户的侵入。防火墙主要由服务访问规则、验证工具、包过滤和应用网关 4 个部分组成，防火墙作为一个位于计算机和它所连接的网络之间的软件或硬件，计算机流入流出的所有网络通信和数据包均要经过它。我们的任务就是去定义防火墙究竟如何工作，即防火墙的策略、规则，以达到让它对出入网络的 IP、数据进行检测的目的。

（1）iptables 的工作原理。

iptables 可以将规则组成一个列表，实现绝对详细的访问控制功能。

iptables 是定义规则的工具，本身并不算是防火墙。它定义的规则，可以让在内核空间中的 netfilter 来读取并实现防火墙功能。而放入内核的地方必须是特定的位置，必须是 TCP/IP 的协议栈经过的地方。而这个 TCP/IP 协议栈必须经过的，能够实现读取规则的地方叫做 netfilter（网络过滤器）。

（2）iptables 的工作机制。

由于数据包尚未进行路由决策，还不知道数据要走向哪里，所以在进出口是没办法实现数据过滤的。基于以上原因，要在内核空间里设置转发的关卡，进入用户空间的关卡以及从用户空间出去的关卡。因为在做 NAT 和 DNAT 的时候，目标地址转换必须在路由之前进行，所以必须在外网和内网的接口处设置关卡。

这五个关卡位置也被称为五个钩子函数（Hook Functions），也叫五个规则链。

- INPUT 链：处理输入数据包。
- OUTPUT 链：处理输出数据包。
- FORWARD 链：处理转发数据包。
- PREROUTING 链：用于目标地址转换（DNAT）。
- POSTOUTING 链：用于源地址转换（SNAT）。

（3）防火墙的策略。

防火墙策略一般分为两种，一种叫通策略，一种叫堵策略。通策略需要定义谁能进；堵策略则表示进来的数据包必须有身份认证。在定义策略的时候，要分别定义多条功能，为了让这些功能交替工作，制定出了"表"这个定义，来定义、区分各种不同的工作功能和处理方式。

现在用得比较多的功能表有如下 3 个。

① filter 表：包过滤，用于防火墙规则，定义允许或者不允许。

② nat 表：地址转换，用于网关路由器。

③ mangle 表：数据包修改，用于实现服务质量。

修改报文原数据就是修改 TTL，能够实现将数据包的元数据拆开，在里面做标记/修改内容。而防火墙标记其实就是靠 mangle 来实现的。

（4）规则的写法。

规则的写法如下。

```
iptables -t 表名 <-A/I/D/R> 规则链名 [规则号] <-i/o 网卡名> -p 协议名 <-s 源 IP/源子网> --sport
源端口 <-d 目标 IP/目标子网> --dport 目标端口 -j 动作
```

iptables 语法参数介绍如下。

-t<表>：指定要操纵的表。

-A：向规则链中添加条目。

-D：从规则链中删除条目。

-I：向规则链中插入条目。

-R：替换规则链中的条目。

-L：显示规则链中已有的条目。

-F：清除规则链中已有的条目。

-Z：清空规则链中的数据包计算器和字节计数器。

-N：创建新的用户自定义规则链。

-P：定义规则链中的默认目标。

-h：显示帮助信息。

-p：指定要匹配的数据包协议类型。

-d：指定目标地址。

-s：指定要匹配的数据包源 IP 地址。

-j<目标>：指定要跳转的目标。

-i<网络接口>：指定数据包进入本机的网络接口。

-o<网络接口>：指定数据包离开本机的网络接口。

其中动作包括以下内容。

- ACCEPT：接收数据包。
- DROP：丢弃数据包。
- REDIRECT：重定向、映射、透明代理。
- SNAT：源地址转换。
- DNAT：目标地址转换。
- MASQUERADE：IP 伪装（NAT 成一个或多个地址），用于 ADSL。
- LOG：日志记录。

【例 11-8】iptables 命令使用实例。

开放指定的端口：

```
[root@RHEL6 ~]# iptables -A INPUT -p tcp --dport 22 -j ACCEPT   #允许访问 22 端口
[root@RHEL6 ~]# iptables -A INPUT -p tcp --dport 80 -j ACCEPT   #允许访问 80 端口
[root@RHEL6 ~]# iptables -A INPUT -p tcp --dport 21 -j ACCEPT   #允许访问 21 端口
```

查看已添加的 iptables 规则：

```
[root@RHEL6 ~]# iptables -L -n -v
...
ACCEPT    tcp  --  0.0.0.0/0        0.0.0.0/0        tcp dpt:22
ACCEPT    tcp  --  0.0.0.0/0        0.0.0.0/0        tcp dpt:80
ACCEPT    tcp  --  0.0.0.0/0        0.0.0.0/0        tcp dpt:21
...
```

或以序号标记显示，执行：

```
[root@RHEL6 ~]# iptables -L -n --line-numbers
```

如图 11-1 所示。

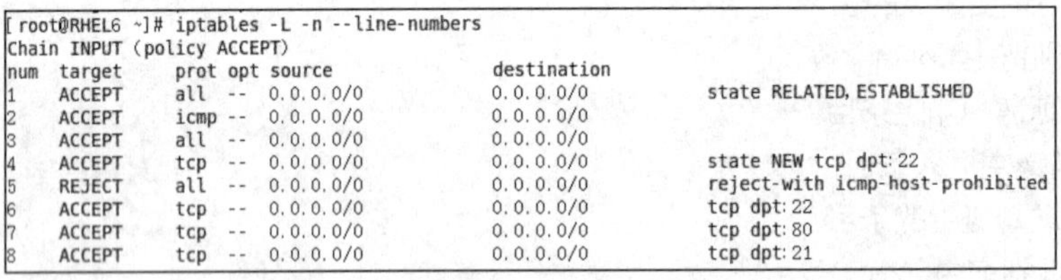

```
[root@RHEL6 ~]# iptables -L -n --line-numbers
Chain INPUT (policy ACCEPT)
num  target     prot opt source               destination
1    ACCEPT     all  --  0.0.0.0/0            0.0.0.0/0           state RELATED,ESTABLISHED
2    ACCEPT     icmp --  0.0.0.0/0            0.0.0.0/0
3    ACCEPT     all  --  0.0.0.0/0            0.0.0.0/0
4    ACCEPT     tcp  --  0.0.0.0/0            0.0.0.0/0           state NEW tcp dpt:22
5    REJECT     all  --  0.0.0.0/0            0.0.0.0/0           reject-with icmp-host-prohibited
6    ACCEPT     tcp  --  0.0.0.0/0            0.0.0.0/0           tcp dpt:22
7    ACCEPT     tcp  --  0.0.0.0/0            0.0.0.0/0           tcp dpt:80
8    ACCEPT     tcp  --  0.0.0.0/0            0.0.0.0/0           tcp dpt:21
```

图 11-1 iptables 序号标记显示规则

如要删除 INPUT 里序号为 3 的规则，执行：

```
[root@RHEL6 ~]# iptables -D INPUT 3
```

11.2 Linux 日志管理

11.2.1 日志管理概述

Linux 系统拥有非常灵活和强大的日志功能，可以保存几乎所有的操作记录，并可以从中检索出需要的信息。Linux 系统内核和许多程序会产生各种错误信息、警告信息和其他提示信息，这些信息对管理员了解系统的运行状态是非常有用的，所以应该把它们写到日志文件中去，这样当有错误发生时，可以通过查阅特定的日志文件来看出发生了什么。

Linux 中的日志文件以明文方式记录，不需要特殊的工具来解释，任何文本阅读器都可以显示日志文件。

RHEL 6 下的日志文件存放在/var/log 目录下，常见内容如下。

/var/log/dmesg：核心启动日志。这个日志文件记录了内核启动时输出的信息。

/var/log/messages：系统报错日志。

/var/log/maillog：邮件系统日志。

/var/log/secure：安全信息、认证登录和与 xinetd 有关的日志。

/var/log/cron：计划任务执行成功与否的日志。

/var/log/wtmp：记录所有的登录和登出。

/var/log/btmp：记录错误的登录尝试。

/var/log/lastlog：记录每个用户的最后登录信息。

Linux 下的日志采用先分类，然后在每个类别下分级的管理模式。主要有 7 种分类，如表 11-1 所示。

表 11-1　日志的 7 种分类

名称	含义
authpriv	安全认证相关
cron	at 和 cron 定时任务相关
deamon	定时任务相关
kern	内核产生
lpr	打印系统产生
mail	邮件系统产生
syslog	日志服务本身

除上面列出的 7 类常见日志以外，还有 news（新闻系统相关）、UUCP（Unix to Unix Copy）等日志类型（目前已不太常用）。另外，还有 local0~local7 这 8 个日志类型，是系统保留的，可以供其他程序或者用户自定义使用。

8 种日志级别（按照由低到高顺序排列）如表 11-2 所示。

表 11-2　8 种日志级别

级别	含义
debug	排错信息
info	正常信息
notice	稍微要注意的
warn	警告
err（error）	错误
crit（critical）	关键的错误
alert	警报警惕
emerg（emergence）	紧急突发事件

11.2.2　日志查看

1. 动态跟踪日志文件：tailf 命令

RHEL 6 下有一个 tailf 命令非常适合监控日志文件的变化。如果文件不增加，它不会去访问磁盘文件，所以 tailf 特别适合在便携式计算机上跟踪日志文件，因为它能省电，还减少了磁盘访问。

下面是 tailf 监控日志的例子，输入命令：

[root@RHEL6 ~]# tailf　/var/log/secure

这时，屏幕显示的末尾就是系统输出的最新日志信息，如图 11-2 所示。

```
[root@RHEL6 ~]# tailf  /var/log/secure
Aug  9 17:36:58 RHEL6 pam: gdm-password: pam_unix(gdm-password:session): session closed for user ro
ot
Aug  9 17:36:58 RHEL6 polkitd(authority=local): Unregistered Authentication Agent for session /org/
freedesktop/ConsoleKit/Session2 (system bus name :1.46, object path /org/gnome/PolicyKit1/Authentic
ationAgent, locale zh_CN.UTF-8) (disconnected from bus)
Aug  9 21:11:31 RHEL6 polkitd(authority=local): Registered Authentication Agent for session /org/fr
eedesktop/ConsoleKit/Session1 (system bus name :1.25 [/usr/libexec/polkit-gnome-authentication-agen
t-1], object path /org/gnome/PolicyKit1/AuthenticationAgent, locale zh_CN.UTF-8)
Aug  9 21:11:48 RHEL6 pam: gdm-password: pam_unix(gdm-password:session): session opened for user ro
ot by (uid=0)
Aug  9 21:11:48 RHEL6 polkitd(authority=local): Unregistered Authentication Agent for session /org/
freedesktop/ConsoleKit/Session1 (system bus name :1.25, object path /org/gnome/PolicyKit1/Authentic
ationAgent, locale zh_CN.UTF-8) (disconnected from bus)
Aug  9 21:11:55 RHEL6 polkitd(authority=local): Registered Authentication Agent for session /org/fr
eedesktop/ConsoleKit/Session2 (system bus name :1.46 [/usr/libexec/polkit-gnome-authentication-agen
t-1], object path /org/gnome/PolicyKit1/AuthenticationAgent, locale zh_CN.UTF-8)
```

图 11-2　tailf 安全日志查看

【例 11-9】RHEL 6 下有一个 logger 命令，可以直接向系统日志中写入信息。

[root@RHEL6 ~]# logger 'hello world'

[root@RHEL6 ~]# tailf　/var/log/messages　　　　#查看日志结果

Aug　9 21:52:00 RHEL6 dhclient[2107]: DHCPACK from 192.168.65.254 (xid=0x7535104)

Aug　9 21:52:00 RHEL6 dhclient[2107]: bound to 192.168.65.130 −− renewal in 729 seconds.

Aug　9 21:52:00 RHEL6 NetworkManager[2021]: <info> (eth1): DHCPv4 state changed renew −> renew

Aug　9 21:52:00 RHEL6 NetworkManager[2021]: <info>　　　address 192.168.65.130

Aug　9 21:52:00 RHEL6 NetworkManager[2021]: <info>　　　prefix 24 (255.255.255.0)

Aug　9 21:52:00 RHEL6 NetworkManager[2021]: <info>　　　gateway 192.168.65.2

Aug　9 21:52:00 RHEL6 NetworkManager[2021]: <info>　　　nameserver '192.168.65.2'

Aug　9 21:52:00 RHEL6 NetworkManager[2021]: <info>　　　domain name 'localdomain'

Aug　9 21:53:18 RHEL6 root: hello world　　　　　#此处为 logger 写入结果

2. 用户登录日志查看

wtmp 和 utmp 文件都是二进制文件，它们不能被命令如 tailf 使用。用户需要使用 who、w、users、last 和 lastlog 来使用这两个文件包含的信息。

语法格式如下。

who [选项]... [文件 | 参数 1 参数 2]

who 命令选项如下：

-a, --all: 等于 -b -d --login -p -r -t -T -u 选项的组合。

-b, --boot：上次系统启动时间。

-d, --dead：显示已死的进程。

-H, --heading：输出头部的标题列。

-l，--login：显示系统登录进程。

　　--lookup：尝试通过 DNS 查验主机名。

-m：只面对和标准输入有直接交互的主机和用户。

-p, --process：显示由 init 进程衍生的活动进程。

-q, --count：列出所有已登录用户的登录名与用户数量。

-r, --runlevel：显示当前的运行级别。

-s, --short：只显示名称、线路和时间（默认）。

-T, -w, --mesg：用+，－ 或 ？标注用户消息状态。

-u, --users：列出已登录的用户。

　　--message：等于-T。

　　--writable：等于-T。

　　--help：显示此帮助信息并退出。

　　--version：显示版本信息并退出。

【例 11-10】登录日志查看的方法。

具体方法如下。

（1）使用 who 命令查看登录日志：

```
[root@RHEL6  ~]# who /var/log/wtmp
root     tty1      2018-08-09 21:11 (:0)
root     pts/0     2018-08-09 21:13 (:0.0)
root     pts/0     2018-08-09 21:17 (:0.0)
root     pts/0     2018-08-09 21:27 (:0.0)
```

（2）使用 who -H -l 命令查询结果：

```
[root@RHEL6  ~]# who -H -l
名称    线路    时间                    空闲        进程号      备注
登录    tty2    2018-08-09 21:11                   2493       id=2
登录    tty3    2018-08-09 21:11                   2498       id=3
登录    tty4    2018-08-09 21:11                   2500       id=4
登录    tty5    2018-08-09 21:11                   2506       id=5
登录    tty6    2018-08-09 21:11                   2516       id=6
```

（3）使用 lastlog 命令显示系统中所有用户最近一次登录的信息：

```
[root@RHEL6  ~]# lastlog
用户名        端口      来自            最后登录时间
root         pts/2    192.168.65.129    三  8月   8 23:06:12 +0800 2018
bin                                    **从未登录过**
daemon                                  **从未登录过**
adm                                     **从未登录过**
```

lp		****从未登录过****
sync		****从未登录过****
shutdown		****从未登录过****
halt		****从未登录过****
mail		****从未登录过****
…		…

（4）使用 last 命令查看所有登录信息：

[root@RHEL6 ~]# last				
root	pts/0	:0.0	Thu Aug 9 21:27	still logged in
root	pts/0	:0.0	Thu Aug 9 21:17 – 21:26	(00:09)
root	pts/0	:0.0	Thu Aug 9 21:13 – 21:15	(00:02)
root	tty1	:0	Thu Aug 9 21:11	still logged in
reboot	system boot	2.6.32-696.el6.i	Thu Aug 9 21:10 – 22:03	(00:52)
…				

其中，still logged in 表示依然在线；21:17 – 21:26 表示该用户在线的时间区间；(00:09)表示用户持续在线的时长。

3. 图形化日志查看工具 gnome-system-log

该图形化工具可以在 https://pkgs.org/download/gnome-system-log 下载，本书下载的文件为 gnome-system-log-2.28.1-10.el6.i686.rpm，也可以通过 yum 命令安装。安装完成后，在终端运行 gnome-system-log 命令，将会出现如图 11-3 所示的结果。

图 11-3　图形化日志查看工具界面

11.2.3　日志维护

1. 日志的总管家：rsyslog

在 RHEL 6 中，日志由系统服务 rsyslog 进行管理和控制。最小化安装 RHEL 6 后，rsyslog 服务默认是开启的。

【例 11-11】查看 rsyslog 服务。

[root@RHEL6 ~]# chkconfig --list | grep rsyslog						
rsyslog	0:关闭	1:关闭	2:启用	3:启用	4:启用	5:启用	6:关闭

该服务的配置文件位于/etc/rsyslog.conf，下面对该配置做简要说明。

```
# rsyslog v5 configuration file


# For more information see /usr/share/doc/rsyslog-*/rsyslog_conf.html
# If you experience problems, see http://www.rsyslog.com/doc/troubleshoot.html


#### MODULES ####


$ModLoad imuxsock # provides support for local system logging (e.g. via logger command)
$ModLoad imklog    # provides kernel logging support (previously done by rkloqd)
#$ModLoad immark   # provides --MARK-- message capability


# Provides UDP syslog reception
#$ModLoad imudp
#$UDPServerRun 514


# Provides TCP syslog reception
#$ModLoad imtcp
#$InputTCPServerRun 514
```

这一段配置文件中，比较重要的是#$ModLoad imudp 和#$UDPServerRun 514 这两行，取消掉#$UDPServerRun 514 行注释后，表示允许 514 端口接收使用 UDP 协议转发过来的日志。这样可以把本主机配置为集中式的日志服务器，它接收并存储其他主机的日志，提高了整个系统的安全性。#$ModLoad imtcp 和#$InputTCPServerRun 514 的功能相同，只不过采用的是 TCP 协议。

```
#### RULES ####


# Log all kernel messages to the console.
# Logging much else clutters up the screen.
#kern.*                                            /dev/console


# Log anything (except mail) of level info or higher.
# Don't log private authentication messages!
*.info;mail.none;authpriv.none;cron.none          /var/log/messages


# The authpriv file has restricted access.
authpriv.*                                        /var/log/secure


# Log all the mail messages in one place.
mail.*                                            -/var/log/maillog
```

```
# Log cron stuff
cron.*                                                        /var/log/cron


# Everybody gets emergency messages
*.emerg                                                      *


# Save news errors of level crit and higher in a special file.
uucp,news.crit                                               /var/log/spooler


# Save boot messages also to boot.log
local7.*                                                     /var/log/boot.log


local0.*                             /var/log/sshd.log
```

这部分定义了不同类型和级别的日志存放位置。例如，*.info;mail.none;authpriv.none; cron. none/var/log/messages 表示除了 mail 日志、authpriv 日志和 cron 日志之外，其他所有类型 info 级别及以上的日志都存放在/var/log/messages 下。

值得注意的是，在上述代码中，-/var/log/maillog 行中包含符号"-"，代表每当有新日志产生时，rsyslog 会先写入缓存，而不是立即更新日志文件，只有当缓存写满时才会批量更新日志文件。这样可以减少写文件的次数。通常，日志信息较多而且不是特别重要时，可以采用这种策略。

下面简要给出 rsyslog.conf 的日志记录规则。

- .代表该类型的比.后面内容的级别还要高的等级（包括该等级）的日志都要被记录下来，其中.前面为日志类型，.后面为日志等级。例如：mail.info 表示凡是 mail 类型的且等级大于或等于 info 级别的日志都被记录下来。
- .= 代表等于该等级的日志都要被记录下来。
- .! 代表不等于该等级的日志都要被记录下来。
- .none 表示该类型的日志都不做记录。
- .*表示任意类型或者级别。

举例如下。

cron.err   不记录 cron 类别的任何信息。

cron.=err   类别 cron 只记录 err 级别的日志信息。

cron.err   记录 cron 类别中 err 和更高级别的日志信息。

cron.!err   类别 cron 中除 err 级别外的其余级别信息都记录。

而日志记录的位置有 3 种类型。

- 本地日志文件。通常就在/var/log 目录下。
- 远程日志服务器。
- 直接弹出在屏幕上。

【例 11-12】自定义 sshd 日志类型及日志文件。

系统将 sshd 产生的日志定义为 authpriv 类型，保存在/var/log/secure 下。请自定义 sshd 的日志类型为 local0，并保存在/var/log/sshdlog 文件中。

具体操作步骤如下。

（1）修改 sshd 配置文件 vi /etc/ssh/sshd_config，修改 SyslogFacility AUTHPRIV 为 local0
类型。

```
# Logging
# obsoletes QuietMode and FascistLogging
# SyslogFacility AUTH
# SyslogFacility AUTHPRIV
# LogLevel INFO
SyslogFacility local0
```

（2）修改 rsyslog 配置文件。

```
[root@RHEL6 ~]# vi /etc/rsyslog.conf
```

在其中添加如下内容：

```
local0.*                    /var/log/sshd.log
```

（3）重启 sshd 服务和 rsyslog 服务。

```
[root@RHEL6 ~]# service rsyslog restart
关闭系统日志记录器：                                    [确定]
启动系统日志记录器：                                    [确定]
[root@RHEL6 ~]# service sshd restart
停止 sshd：                                          [确定]
正在启动 sshd：                                      [确定]
```

（4）测试日志结果，如图 11-4 所示。

```
[root@RHEL6 ~]# ssh root@192.168.65.129   #登录本机测试
[root@RHEL6 ~]# tailf /var/log/sshd.log     #查看日志结果
```

```
[root@RHEL6 ~]# ssh root@192.168.65.129
root@192.168.65.129's password:
Last login: Wed Aug  8 23:01:34 2018 from localhost
[root@RHEL6 ~]# tail /var/log/sshd.log
Aug  8 23:05:51 RHEL6 sshd[919]: Server listening on 0.0.0.0 port 22.
Aug  8 23:05:51 RHEL6 sshd[919]: Server listening on :: port 22.
Aug  8 23:06:12 RHEL6 sshd[934]: Accepted password for root from 192.168.65.129 port 51358 ssh2
```

图 11-4   查看 sshd.log 日志结果

2. 使用 Logrotate 管理日志

Logrotate 程序是一个日志文件管理工具，用于删除旧的日志文件，并创建新的日志文件，人们把它叫作"转储"。可以根据日志文件的大小，也可以根据其天数来转储，这个过程一般通过 cron 程序来执行。Logrotate 程序还可以用于压缩日志文件，以及发送日志到指定的 E-mail。

Logrotate 的优点如下。

• Logrotate 通过让用户配置规则的方式检测和处理日志文件。配合 cron 可让处理定时化。

• Logrotate 预置了大量判断条件和处理方式，可大大减轻手写脚本的负担并减小出错的可能。

• Logrotate 检测日志文件属性，比对用户配置好的检测条件，对满足条件的日志再根据用户配置的要求来处理，可以通过 cron 来定时调度。

Logrotate 的配置文件是/etc/logrotate.conf，主要参数如下。

compress：通过 gzip 压缩转储以后的日志。

nocompress：不需要压缩时，用这个参数。

copytruncate：用于还在打开中的日志文件，备份当前日志并截断。

nocopytruncate：备份日志文件但是不截断。

create mode owner group：转储文件，使用指定的文件模式创建新的日志文件。

nocreate：不创建新的日志文件。

delaycompress：和 compress 一起使用时，转储的日志文件到下一次转储时才压缩。

nodelaycompress：覆盖 delaycompress 选项，转储的同时压缩。

errors address：转储时的错误信息发送到指定的 E-mail 地址。

ifempty：即使是空文件也转储，这个是 Logrotate 的默认选项。

notifempty：如果是空文件的话，不转储。

mail address：把转储的日志文件发送到指定的 E-mail 地址。

nomail：转储时不发送日志文件。

olddir directory：转储后的日志文件放入指定的目录，必须和当前日志文件在同一个文件系统。

nolddir：转储后的日志文件和当前日志文件放在同一个目录下。

prerotate/endscript：转储以前需要执行的命令可以放入这个标记对中，这两个关键字必须单独成行。

postrotate/endscript：转储以后需要执行的命令可以放入这个标记对中，这两个关键字必须单独成行。

daily：指定转储周期为每天。

weekly：指定转储周期为每周。

monthly：指定转储周期为每月。

rotate count：指定日志文件删除之前转储的次数，0 指没有备份，5 指保留 5 个备份。

tabootext[+] list：让 Logrotate 不转储指定扩展名的文件，默认的扩展名是.rpm-orig、rpmsave、v 和~size size。当日志文件到达指定的大小时才转储，size 可以指定 B（默认）以及 kB（sizek）或者 MB（sizem）。

Logrotate 默认的配置如下。

```
# see "man logrotate" for details
# rotate log files weekly
weekly

# keep 4 weeks worth of backlogs
rotate 4

# create new (empty) log files after rotating old ones
create

# use date as a suffix of the rotated file
dateext
```

```
# uncomment this if you want your log files compressed
#compress

# RPM packages drop log rotation information into this directory
include /etc/logrotate.d

# no packages own wtmp and btmp -- we'll rotate them here
/var/log/wtmp {
    monthly
    create 0664 root utmp
    minsize 1M
    rotate 1
}

/var/log/btmp {
    missingok
    monthly
    create 0600 root utmp
    rotate 1
}

# system-specific logs may be also be configured here.
```

Logrotate 命令使用如下。

logrotate /etc/logrotate.conf：重新读取配置文件，并对符合条件的文件进行 rotate。

logrotate -d /etc/logrotate.conf：调试模式，输出调试结果，但并不执行。

logrotate -f /etc/logrotate.conf：强制模式，对所有相关文件进行 rotate。

11.3 小结

安全是计算机系统中非常重要的一个话题，本章针对用户账户安全、登录安全和网络安全几个方面进行了相关安全设置知识的简要介绍，并使读者通过对日志相关知识的学习，对系统的运行有更深入的了解。在实际工作中，读者还需要更多地学习来进一步掌握 Linux 安全相关的操作。

11.4 实训 Linux 安全设置及日志管理

1. 实训目的

（1）掌握 Linux 中的账户和登录安全设置。

（2）掌握 Linux 中的网络安全设置。

（3）掌握 Linux 中日志文件的使用。

2．实训内容

（1）修改用户权限。

（2）修改用户密码。

（3）禁止 Ping 命令请求响应。

（4）使用 chkconfig 查询系统服务。

（5）使用 iptables 命令开放端口 21。

（6）使用 who 命令查看用户登录日志信息。

（7）使用 lastlog 命令显示所有用户的最后登录信息。

（8）使用图形化工具查看日志。

（9）使用 tailf 命令查看系统日志。

（10）修改 Logrotate 规则。

11.5 习题

1．选择题

（1）修改用户自身的密码可使用（　　）。

    A．passwd   B．passwd-d　mytest

    C．passwdmytest   D．passwd-l

（2）若要使 PID 进程无条件终止，应该使用的命令是（　　）。

    A．kill-9   B．kill-15   C．killall-1   D．kill-3

（3）iptables 命令中，源地址转换的动作参数为（　　）。

    A．ACCEPT   B．DROP   C．REDIRECT   D．SNAT

（4）用户的密码保存在文件（　　）。

    A．/etc/passwd   B．/etc/shadow   C．/etc/sudoers   D．/etc/hosts

（5）下列不属于日志级别的是（　　）。

    A．info   B．notice   C．message   D．err(error)

（6）系统报错日志将会被记录在文件（　　）。

    A．/var/log/dmesg   B．/var/log/messages

    C．/var/log/cron   D．/var/log/wtmp

（7）若需要配置 iptables 防火墙使内网用户通过 NAT 方式共享上网，可以在（　　）中添加 MASQUERADE 规则。

    A．filter 表内的 OUTPUT 链   B．filter 表内的 FORWARD 链

    C．nat 表中的 PREROUTING 链   D．nat 表中的 POSTOUTING 链

（8）在 RHEL 系统的命令界面中，若设置环境变量（　　）的值为 60，则当用户超过 60 秒没有任何操作时，将自动注销当前所在的命令终端。

    A．TTL   B．IDLE_TTL   C．TMOUT   D．TIMEOUT

（9）若需要禁止 root 用户以 SSH 方式登录到服务器，可以在服务器上的 sshd_config 文件中进行（　　）设置。

    A．PermitRootLogin no   B．DenyRoot yes

    C．RootEnable no   D．AllowSuperLogin no

（10）设置 iptables 规则时，以下（　　）动作用于直接丢弃数据包。

    A．ACCEPT   B．REJECT   C．DROP   D．LOG

2. 判断题

（1）通过/etc/users 文件可以查看系统中所有存在的用户。（   ）

（2）IP 伪装是改变从本机发出的 IP 数据包的源地址，以达到冒充别的机器的目的。（   ）

（3）取消不必要服务的第一步是检查/etc/inetd.conf 文件，在不要的服务前加"#"号。（   ）

（4）Ping 命令使用的是 UDP 协议。（   ）

（5）/etc/passwd 文件用户信息中包含了一个 x，这里 x 代表没有密码。（   ）

（6）系统鉴别 root 用户的依据是：用户名是 root 的用户即为 root 用户。（   ）

（7）通常使用 tailf 命令查看用户的登录情况。（   ）

（8）系统中的用户可以通过 passwd 命令修改自己的密码。（   ）

3. 简答题

（1）如何配置 SSH 拒绝 test.com 域（165.25.36.0/16）网络访问？

（2）简述不同系统日志的查看方法。

参考文献

[1] 陈建辉. Linux 网络配置与应用[M]. 北京：人民邮电出版社，2012.

[2] 潘志安，沈平，魏华. Red Hat Enterprise Linux6 操作系统应用教程[M]. 2 版. 北京：高等教育出版社，2015.

[3] 钱峰，许斗. Linux 网络操作系统配置与管理[M]. 2 版. 北京：高等教育出版社，2018.

[4] 郇涛，陈萍. Linux 网络服务器配置与管理[M]. 北京：机械工业出版社，2010.

[5] 杨云，张菁. Linux 网络操作系统项目教程（RHEL 6.4/CentOS 6.4）[M]. 2 版. 北京：人民邮电出版社，2016.

[6] 万明，邢利荣，何晓龙. 完美应用红帽企业版 Linux——Red Hat Enterprise Linux[M]. 北京：电子工业出版社，2011.

[7] 姜大庆. Linux 系统与网络管理 [M]. 2 版. 北京：中国铁道出版社，2012.

[8] 李贺华，李腾. 云架构操作系统基础（Red Hat Enterprise Linux 7）[M]. 北京：电子工业出版社，2018.

[9] 曹江华，杨晓勇，林捷. Red Hat Enterprise Linux 6.0 系统管理[M]. 北京：电子工业出版社，2011.